无公害标志

绿色食品标志

中国有机产品标志

中绿华夏有机食品标志

彩图 1-1　各种标志

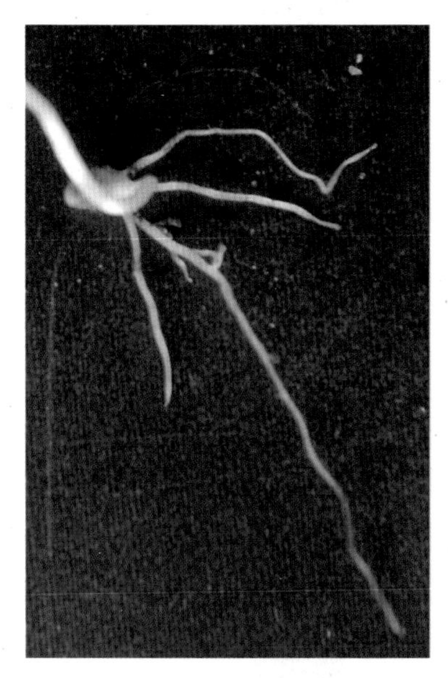

彩图 3-1　燕麦初生根

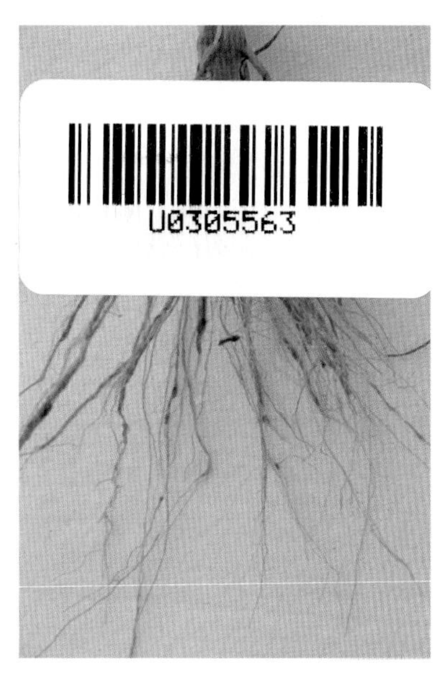

彩图 3-2　燕麦次生根

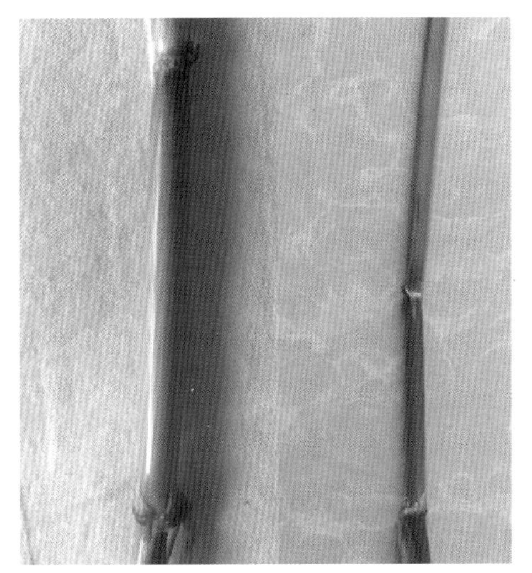

彩图 3-3　燕麦的茎

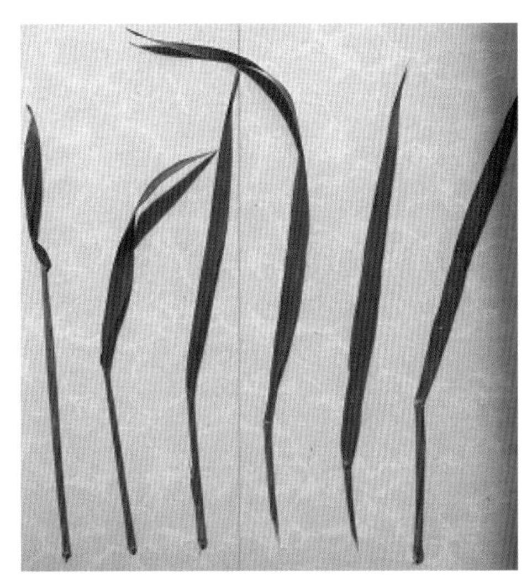

彩图 3-4　燕麦一株上的叶片

彩图 3-5　周散型穗

彩图 3-6　侧散型穗

彩图 3-7　燕尾铃

彩图 3-8　串铃

彩图 3-9　燕麦的花

彩图 3-10　燕麦种子

彩图 3-11　皮燕麦种子

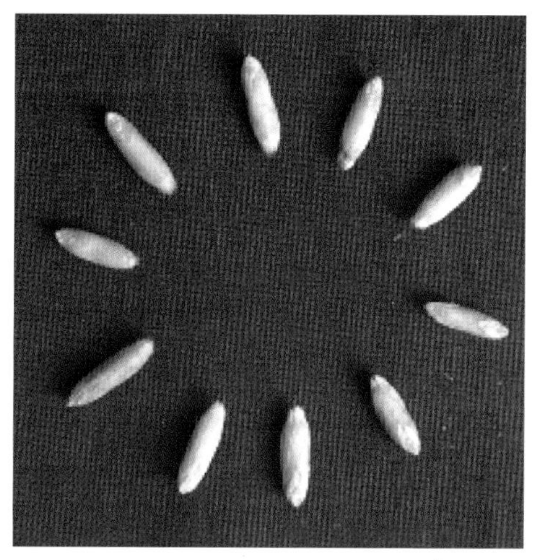

彩图 3-12　裸燕麦种子

彩图 3-14　燕麦主茎及其分蘖

有机燕麦草生产

韩 冰 杨 才 田青松 著

中国农业科学技术出版社

图书在版编目（CIP）数据

有机燕麦草生产 / 韩冰，杨才，田青松著 . — 北京：
中国农业科学技术出版社，2017.6
ISBN 978-7-5116-2848-0

Ⅰ . ①有… Ⅱ . ①韩… ②杨… ③田… Ⅲ . ①燕麦草—
栽培技术 Ⅳ . ① S543

中国版本图书馆 CIP 数据核字（2016）第 281696 号

责任编辑 李冠桥
责任校对 李向荣

出 版 者 中国农业科学技术出版社
北京市中关村南大街 12 号 邮编：100081
电　　话（010）82109705（编辑室）（010）82109702（发行部）
（010）82109709（读者服务部）
传　　真（010）82106625
网　　址 http：//www.castp.cn
经 销 者 各地新华书店
印 刷 者 北京昌联印刷有限公司
开　　本 710mm × 1 000mm 1 /16
印　　张 12.75 彩插 4 面
字　　数 231 千字
版　　次 2017 年 6 月第 1 版 2017 年 6 月第 1 次印刷
定　　价 30.00 元

《有机燕麦草生产》
著者名单

主　著　韩　冰（中国农业科学院草原研究所、
内蒙古农业大学）
杨　才（张家口市农业科学院）
田青松（中国农业科学院草原研究所）

参　著（以姓氏笔画为序）

王树彦（内蒙古农业大学）
王凤梧（乌兰察布市农牧业科学研究院）
尹玉和（乌兰察布市农牧业科学研究院）
李婷婷（内蒙古农业大学）
张　斌（张家口市农业科学院）
杨晓虹（张家口市农业科学院）
杨　燕（内蒙古农业大学）
周海涛（张家口市农业科学院）
侯向阳（中国农业科学院草原研究所）

前 言

燕麦，包括皮燕麦和裸燕麦两大类型，是世界公认的营养价值最高的谷类作物之一；是我国北方燕麦产区传统的粮食作物和饲料、饲草作物。我国目前生产上种植的 90% 为裸燕麦，10% 为皮燕麦，主要分布在华北北部、西北等高纬度、高海拔的高寒边远地区。

燕麦作为饲草在我国可分做两种类型，一种是我国北方传统意义上的黄干草，即把进入成熟期的燕麦脱粒后剩下的秸秆称为黄干草；另一种是青干、鲜草，在燕麦青绿期适时刈割，刈割后直接饲喂或者作青贮的称青鲜草，刈割后通过晾晒作饲草的称青干草。燕麦作为饲草，营养价值高，饲喂效果好，是奶牛、育肥牛的上品饲草，因此，全世界生产的燕麦 74% 是用来作家畜、家禽的饲草饲料，特别是青干、鲜草备受欢迎。

随着我国人民生活水平的提高，饮食结构的改变，对肉、蛋、奶食品的需求增加，畜牧业得到了快速发展。而饲草业的发展相对滞后，优质饲草短缺，草品质差导致饲喂效果不佳，影响了肉、蛋、奶的生产和品质。近年来，国家根据农牧业存在的问题，调整农业结构，提出了“粮改饲”的发展战略，饲草业得到了快速发展，特别是燕麦草产业发展尤为突出。为了保证燕麦饲草的品质，提高国际竞争力，充分利用好我国北方燕麦主产区工业不发达，环境无污染，水土纯净；气候冷凉，燕麦病虫害少；农牧结合区；有机肥较多，不施化肥；地广人稀，可实行草田轮作；作物种类多，有利于倒茬的优势。结合我们近年来在华北籽实燕麦产区开展的有机燕麦栽培技术研究和有机燕麦生产基地建设的经验，集多年来在燕麦饲草方向的研究成果，并按照有机生产认证的标准程序编著成册，供应用与交流。

由于时间仓促，经验不足，收集的资料不够全面，难免有错误和不足之处，欢迎广大读者和同行指正，不胜感激！

著　者

2017 年 1 月

目　录

第一章　有机农业

第一节　有机农业的基本特征

一、有机农业的概念与特征

（一）概念

有机农业是遵照一定的有机农业标准，遵循自然规律和生态学原理，在生产过程中不使用化学合成的农药、化肥、生长调节剂、饲料添加剂等无机化学物质；不采用基因工程获得的生物技术及品种，以有机物质为肥源，采取生物防控技术防治病虫害，形成种植与养殖业的有机结合，良性循环。它是一项以保护生态环境为中心，保证食品安全与人类健康为重点，实现农业可持续发展的新兴农业生产体系与生产方式。有机农业的内涵是遵照有机农业生产标准，在生产中不采用基因工程获得的生物及其产物，不使用任何化学合成的农药、化肥、生长调节剂、饲料添加剂等物质，遵循自然规律和生态学原理，协调种植业和养殖业的平衡，采用一系列可持续发展的农业技术，维持稳定的农业生产过程。由于有机农业对食品安全、人类健康、保护环境、恢复生态平衡有很好的促进作用，其作为一种劳动与知识密集型产业，对农村就业、农业生产水平、农村可持续发展的带动作用，决定了有机农业发展的意义和巨大潜力。

（二）特征

1. 有机农业是一项可持续发展农业系统工程

有机农业的生产安排就是以生物共生互利原理为基础，将各种生物的时空分布结构、相应的生态位和生物间互补互利关系进行综合考虑，在一个特定的地域里，安排两种或两种以上的物种，构成一个共生互利的良性循环体系。这种循环体系的建立有助于提高农业生态系统的生产效率和稳定性。较为常见的稻鸭共养就是典型的互利共生模式。它不只是单一地强调种植业或者养殖业，而是注重种植业与养殖业的有机结合；不只是单一地追求周期内（年度、季节）的高产，而是在培肥土壤肥力的基础上，强调可持续增产，是在某一个区域内的一项种地与养地相结合，种植与养殖相结合的农业可持续发展的系统工程。

2. 有机农业是一项有机物质再利用的循环农业工程

有机农业是一种资源节约型农业，生产过程要求通过农、林、牧、渔等各种资源的合理配置来实现物质循环利用，禁止盲目开采、使用和排放，强调利用各种有机生产技术和措施增加物质循环，要求充分发挥生物在养分循环过程中的作用，从而建立良好的物质循环系统。它减少作物生长对外部物质的依赖，强调生产系统内部营养物质的循环，通过把农业系统中的各种有机废弃物、人畜粪便、作物残茬和秸秆等重新投入到系统内的营养物质的循环运动中，把人、动物、植物和土地有机地结合起来，形成一个良好的有机生物循环系统，即将植物的可食用部分作为人和动物的食物和饲料，将非食用部分秸秆作为动物的饲草，经过腹还田，培肥土壤；或将植物的根茬和落叶直接还田，培肥土壤，为植物提供肥料，形成一个完整的有机循环体。

3. 有机农业是实现生态效益、经济效益、社会效益完美结合的综合效益工程

有机农业在提供有机农产品的同时，还注重保护自然，维护生态平衡。有机农业主要是为人类提供安全，营养丰富，口感好的农产品，以预防常规农产品由于施用化肥、农药以及添加剂等农用化学制剂而给人类带来一些潜在危害。它不只是通过追求高产而获得经济效益；而是强调高产高效与保护，创造良好的人类生存环境，即生态效益；为人类提供无污染的健康食品，保障食品安全，即社会效益完美结合的综合效益工程。

二、有机农业的基本原理与要求

有机农业是以生物学、生态学为理论指导，以实现保护和创造良好的环境，为人类提供无污染的健康食品，提高土地的产值和可持续增产为目的；从而实现生态效益、经济效益和社会效益的完美结合。原理：减少作物生长对外部物质的依赖，强调生产系统的内部营养物质的循环。通过把农业系统中的各种有机废弃物、人畜粪便、作物秸秆和残茬等重新投入到系统内的营养物质的循环运动中，把人、土地、动、植物有机地结合在一体，形成一个良好的有机农业生物内部循环系统。

基本要求是：我国有机农业生产标准对允许使用的物质和生产措施进行了说明和规范。其中在作物种植方面，要求有机生产基地应远离城区、工矿区、交通主干

线、工业污染源、生活垃圾场等。基地的环境质量应符合土壤环境质量、农田灌溉用水水质、环境空气质量相关标准的要求，有机和常规生产区必须设置缓冲带和栖息地。常规农田转换有机农田必须经过转换期。

（一）转换期

有机农业的特点是防止一切有可能造成污染的生产环节存在，因此，为防止农药、化肥残留的污染，要求将一般常规耕种的土地建设成为有机种植生产基地前，必须有一个过程，这个过程叫做转换期。转换期的时间因地而异，一般要求 1~3 年，一年生作物为 2 年，多年生作物为 3 年，荒地或采用原始种植不施化肥、不施农药的地块为 1 年。转换期的种植管理等均按照有机农业种植生产的标准进行。

（二）缓冲带（隔离带）

为防止采用常规耕作方式使田块的化肥、农药向有机种植的田块浸透污染，要求常规种植田块与有机种植田块间设置 80m 的缓冲带。缓冲带可以沟壑、水源无污染的河流、山川、草地、林带等自然屏障为缓冲带，也可以人工设置 80m 的非种植区。

三、有机农业的起源与发展

（一）世界有机农业

1. 世界有机农业发展

20 世纪 40~50 年代是世界发达国家石油农业高速发展的年代，依靠化石能源的投入和科技进步，在促进农业迅速发展的同时，随之带来的环境污染和对食品安全及人体健康的影响也日趋严重，因此就有一部分先驱者开始了有机农业的实践，在 20 世纪 20 年代德国和瑞士就提出了有机农业的概念，20 世纪 30~40 年代在欧洲小有应用。世界上最早的有机农场是由美国的罗代尔先生于 20 世纪 40 年代建立的“罗代尔农场”。而直到 20 世纪 70 年代，有机农业的理论研究与实践才在世界范围内得到扩展，并有组织地开展工作。1972 年，国际上最大的有机农业民间组织机构“国际有机农业运动联合会（IFOAM）”在法国成立，目前 IFOAM 在包括中国在内的 100 多个国家里设立了 730 个集体会员。1990 年，德国成立了世界上最大的有机农产品贸易机构“生物行业商品交易会（BioFach Fair）”。1999 年，国际有机农业联合会（IFOAM）与联合国粮农组织（FAO）共同制定了“有机农业产品生产、加工、标识和销售准则”。这一“准则”的制定使国际有机农业有了统一的标准，推动了有机农业的发展，促进了有机农产品的销售与交易。

2 . 全球有机农业发展规模

2014 年，瑞士有机农业研究所（Forschungsinstitut fur hiologischen Landhau，FiBL）和 IFOAM 发布了世界范围内 164 个国家的有机农业统计数据：截至 2012 年，全球以有机方式管理的农业用地面积 3 750 万 hm^2（包括处于转换期的土地），近 10 年来，趋于平稳增长状况，2003 年增长 46%（2 570 万 hm^2），2008 年增长 0.09 %（图 1-1）。全球有机农业用地面积最大的洲是大洋洲和欧洲，分别占 32%、30%，其次是拉丁美洲，占 18%，亚洲和北美洲相似，分别占 9% ，8%，非洲最少，仅占 3%。从 2000 年到 2012 年，欧洲和非洲有机农业用地面积基本处于持续增长状态，亚洲和拉丁美洲在近几年有显著波动，大洋洲和北美洲处于平稳发展。有机农业用地面积居于前四名的国家是澳大利亚（1 200 万 hm^2），然后依次是阿根廷（360 万 hm^2）、美国（220 万 hm^2）、中国（190 万 hm^2）。

全球有机方式管理的土地中用途明确为 90%，主要种植类型为有机草地、水稻与青饲料等一年生作物、咖啡与橄榄等多年生作物，大洋洲和拉丁美洲有机农业用地的 7/10 以上为草地或牧场。在大洋洲，澳大利亚有机农业用地面积最大，2011—2012 年其有机农业用地面积达 1 150 万 hm^2，且 97% 为草场 / 牧区，产值的一半以上都来自家畜和畜产品，其次是新西兰和萨姆亚群岛。在拉丁美洲，阿根廷、乌拉圭拥有最大的草地 / 牧区。北美洲和欧洲草地 / 牧场和一年生作物如小麦、玉米、燕麦等有机种植面积占到 80% 以上。在北美洲，美国、加拿大种植面积最大，主要是小麦等谷物。在欧洲，意大利、法国、英国、德国是主要的蔬菜生产地，2012 年全球主要有机农业用地及种植作物情况，见表 1-1。

表 1-1　2012 年全球主要有机农业用地类型及作物种植情况

用地类型和作物种类 Land use type and crop category		面积 Area（$\times 10^6 hm^2$）
草地 Grassland		22.50
一年生作物 Arable crops	谷物 Cereals	2.65
	青饲料 Green fodders	2.34
	油料作物 Oilseeds	0.64
	高蛋白作物 Protein crops	0.32
	蔬菜 Vegetables	0.24

（续表）

用地类型和作物种类 Land use type and crop category		面积 Area（$\times 10^6 hm^2$）
多年生作物 Permanent crops	咖啡 Coffee	0.70
	橄榄 Olives	0.54
	葡萄 Grapes	0.28
	坚果 Nuts	0.27
	可可 Cocoa	0.20

（二）中国有机农业

1. 中国有机农业发展

中国有机农业开始于20世纪80年代，较发达国家起步晚，经历了初始、发展、规范化3个阶段。国外认证机构在20世纪80~90年代进入中国，开启了中国有机农业初期阶段。1984年，中国农业大学在全国最先开始进行生态农业和有机食品的研究和开发。我国的有机农业是为满足人民生活水平的不断提高和社会发展的需求；也是为加入WTO后打破西方农业“技术壁垒”，提高我国农产品的国际竞争力而开展的。首先是引进国外认证机构，如美国的OCTA，瑞士的IMO，法国的ECOCERT，德国的BCS等，这些认证机构的进入，启动了我国有机农业的开展。1989年，最早从事生态农业研究，实践和推广工作的国家环境保护局南京环境科学研究所农村生态研究室加入了国际有机农业运动联合会（IFOAM），成为中国第一个IFOAM成员。1994年，经国家环境保护局批准，国家环境保护局南京环境科学研究所农村生态研究室改组为“国家环境保护总局有机食品发展中心”（Organic Food Development Center of SE-PA，OFDC）的成立标志着我国有机食品和认证管理工作的开展，2003年改称为“南京国环有机产品认证中心”。随着机构的成立和完善，我国制定了适合我国国情，并与国际接轨的有机标准和操作章程，前后制定的有《有机产品认证管理办法》《有机食品标志管理章程》《有机食品生产和加工技术规范》，1999年制定了OFDC的《有机产品认证标准》（试行），2001年5月由国家环境保护总局发布，成为行业标准。2002年12月19日，OFDC获得IFOAM有机认证资格的认证，标志着我国有机农业与国际有机农业的接轨。2002年11月1日开始实施《中华人民共和国认证认可条例》的正式颁布实施为起点，有机食品认证工作由国家认证认可监督管理委员会统一管理；2005年4月1日，“有机食品国家标准”（GB/T 19630）以及有机产品认证管理办法正式实施，标志着我国有机农业进入有组织的规范化运行阶段。2012 年 7 月，我国正式实施了新版的《有机产品认证实施规则》，国家质量监督检验检疫总局于 2014 年正式发布实施新的《有机产品认证管理办法》。随着有机产品标准和技术规范的逐步完善，我国有机产业进入规范化、法制化发展的轨道。

2. 中国有机农业发展规模

根据 FIBL 和 IFOAM 统计数据，我国 2005—2012 年有机农田面积变化情况（图 1-1），截至 2012 年，我国有机农业用地面积约 190 万 hm^2，居世界第 4 位，是亚洲有机农业用地面积最大的国家，占亚洲有机农业用地总面积的 60% 左右。

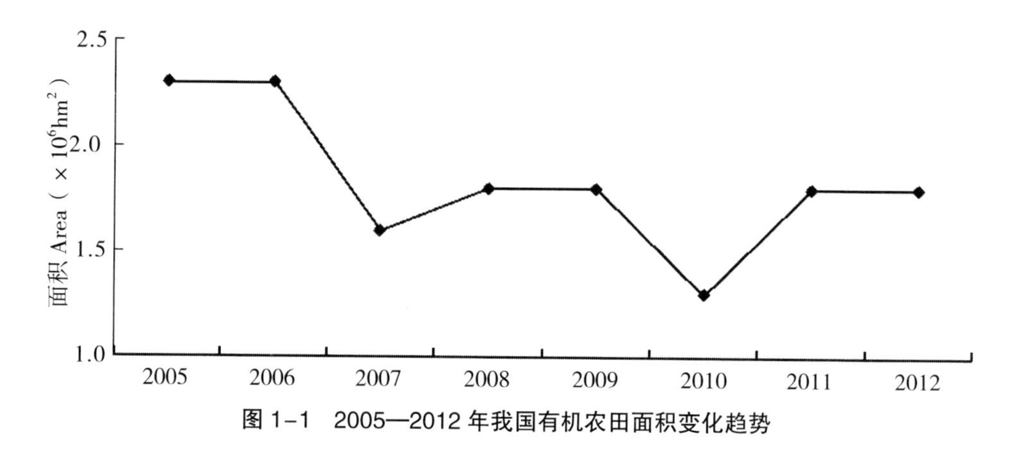

图 1-1　2005—2012 年我国有机农田面积变化趋势

2014 年，国家认证认可监督委员会发布了《中国有机产业发展报告》，根据累计发放的约 1 万张有机产品认证证书统计出的数据显示，截至 2013 年年底，获得认证的有机生产总面积 272.2 万 hm^2，占 1.212 亿 hm^2 耕地面积的 0.95%，其中有机种植的面积为 128.7 万 hm^2，野生采集总生产面积为 143.5 万 hm^2。2012 年我国有机农业种植作物面积见表 1-2。

表 1-2　2012 年我国有机农作物面积和产量

产品种类 Category	种植面积 Area（× 10^6 hm^2）	占全球的比例 Proportion to the world（%）	产量 Production（× 10^4 t）
谷物 Cereals	0.588	22.2	331.9
蔬菜 Vegetables	0.051	20.8	75.3
水果及坚果 Fruits and Nuts	0.211	9.3	128.1

（续表）

产品种类 Category	种植面积 Area （$\times 10^6$ hm^2）	占全球的比例 Proportion to the world（%）	产量 Production （$\times 10^4$ t）
豆类及油料作物 Beans and Oilseeds	0.236	24.6	55.1
茶叶 Tea	0.053	54.1	10.3
青贮饲料 Green fodders	0.129	5.5	83.4
其他作物 Other crops	0.022	4.7	15.5
合计 Total	1.287	3.4	699.6

（三）有机产品发展现状

截至 2013 年年底，有机种植产品种类主要包括谷物、蔬菜、水果及坚果、豆类及油料作物、茶叶、青贮饲料及其他植物，且有机茶叶生产面积占全球的 1 /2，谷物、蔬菜和豆类及油料作物占全球的 1/5~1/4。我国有机产品每年销售额为 200 亿~300 亿元，已成为全球第 4 大有机产品消费国。我国有机农产品主要有两大生产区：一个区域包括我国东北地区的黑龙江、吉林、内蒙古自治区（以下称内蒙古）、辽宁等地，主要生产和出口谷物、豆类、葵花籽等；另一个生产区是东部和南部沿海地区，如鲁、苏、京、沪、浙、闽地区，主要向国内和日本出口有机蔬菜。浙、赣、闽等地是有机茶叶的主产区，近年来，四川、贵州、新疆维吾尔自治区（以下称新疆）等地有机农业出现快速发展势头。另外，在我国有机农业加工产品比例低，有机农产品市场上初级有机产品占 80 %，且多以原粮为主，加工产品仅占 20 % 。

我国加入 WTO 后，农业生产面临着严峻的挑战，发展有机农业和有机食品是一个很好的切入点，市场潜力和发展空间巨大，保守估计其发展速度也可达 20%~30%。如果发展顺利，发展速度有望达到 50% ~70%。如果发展比较顺利，预计在 10 年后，我国的有机食品占国内食品市场的比例有望达到 1.0% ~1.5%，出口的有机食品占全球有机食品国际贸易的份额则有望达到 3.0%，甚至更高。毫无疑问，开发有机食品是实现我国农业可持续发展的战略选择。

（四）我国有机燕麦的兴起

我国的有机燕麦生产开始于 2003 年，首先由上海欧德麦食品有限公司，张家口冀北圣麦生物科技有限公司，河北省张家口市农业科学院（原张家口市坝下农业科

学研究所），国家环保总局有机食品发展中心，南京环球有机食品研究咨询中心等单位撰写了《冀北百万亩有机燕麦开发产业化工程》发展战略报告；2004 年由张家口市农业局提出，张家口市农业科学院杨才研究员，大连新海有机农产品贸易有限公司王学群等起草制定了国内有机燕麦第一个标准《裸燕麦（莜麦）有机栽培技术规程》（DB1307/T 084-2004），2006 年晋升为河北省地方标准（DB13/T 781-2006）。

2004—2005 年由上海欧德麦食品有限公司、张家口冀北圣麦生物科技有限公司、河北省张家口市农业科学院、北方燕麦研究开发中心在河北省张北县的大河乡、沽源县的小河子乡、康保县的屯垦乡和塞北管理区创建了五块裸燕麦有机基地，并按照瑞士 IMO 的有机食品认证要求，编写了《张家口市百万亩有机燕麦种植培训教材》，培训了近万人的县、乡、村技术人员，在河北省张北县、沽源县、康保县、尚义县和塞北管理区政府主管部门和所在乡政府的协助下，瑞士 IMO 累计认证了 83.3 万亩的有机裸燕麦生产基地。开创了我国有机燕麦生产的先河，为今后的大面积的有机生产打下了基础。

2007—2009 年由广西壮族自治区（以下称广西）贺洲西麦生物食品有限公司与河北省张家口市农科院、张北县大河乡共同创建 9.9 万亩（15 亩 =1hm^2。下同）的有机燕麦生产基地，获得了中国质量认证中心（CQC）的认证，并被国家标准委员会确定为“全国裸燕麦有机种植标准化示范区”。

四、发展有机农业的意义

近年来，有机农业生产方式在 100 多个国家得到了推广，有机农业的面积和种植者数目逐年增加。有机产品市场不但在欧洲和北美（全球最大的有机市场）拓展，在其他一些国家包括发展中国家也持续扩大，其中西欧和美国大约 1% 的农民在从事有机农业的生产，在美国，有机农场遍布全国各地。

目前，中国有机产品以植物类产品为主，动物性产品相当缺乏，野生采集产品增长较快。植物类产品中，茶叶、豆类和粮食作物比重很大；有机茶、有机大豆和有机大米等已经成为中国有机产品的主要出口品种。而作为日常消费量很大的果蔬类有机产品的发展则跟不上国内外的需求。据《2015—2020 年中国有机农业市场前瞻与投资战略规划分析报告前瞻》数据显示，2013 年，我国有机食品的销售额超过 50 亿美元，目前国内的市场要远远大于出口的市场，我国每年的有机食品消费额仍然以 30%~50% 的速度增长，常年保持在 30% 左右的缺口。

虽然中国有机食品在国际市场有较大的发展空间，但是在国内发展潜力更大。

随着城乡人民收入的增长和生活水平的不断提高，人们更加关注自己的生活质量和身心健康，十分渴望能得到纯天然、无污染的优质食品，发展有机农业、生产开发有机农产品和食品正可满足这一要求。目前中国境内有机食品销售仅占食品销售总额的 0.02%，与发达国家有机食品国内消费总额 2% 相比，相差达 100 倍。我国有机农产品有着广阔的国内外市场，会带来巨大的经济效益，除此，发展有机农业还有以下重要意义。

1. 有机农业是建设环境友好型社会的需要

有机农业能能显著减轻农业面源污染、保护生物多样性、发展低碳经济。传统农业使用农药和除草剂可防病、治虫、灭草，但大量地使用农药和除草剂带来的副作用是将有益生物杀死，破坏了生态环境和生态平衡，如喷施防蚜虫的农药氧化乐果后，既杀死了蚜虫，也杀死了益虫——菜青虫；喷洒农药防治地下害虫的同时，也将会把土壤中的有益生物，如有益微生物、蚯蚓等杀死。同时农药中含有大量的汞、砷、锌、锰等重金属元素，这些物质对人体是有害的，长期使用会污染土壤，污染水源，污染食物，污染环境，从而危及人类健康与生命。

施用化肥在保证有充足水源的情况下，作物产量会提高，但长期大量施入化肥，土壤中会积累大量的硫酸根离子、碳酸根离子和硝酸根离子，这些物质的积累一方面使土壤造成污染，形成土壤板结，通透性差和次生盐碱化，从而使土壤的肥力下降，有机物质减少，生产力降低，流失后同样会造成地下水源和环境的污染；另一方面积累和残留在产品中会使食物中致癌物硝酸盐含量增加，同样会危害人类健康。与此相反，采用有机耕作的方式，减少化肥、农药的使用量，可维持生物的生态平衡，保持生物的多样性；防治环境污染，给人类提供一个良好的生存环境；增加土壤中的微生物和有机质，防止土壤板结，保证土壤的可持续增产；减少水源和食物污染，保障人类的健康。

2. 有机农业是节能、减排、降耗的有效农业生产方式

化肥和农药都是利用不可再生的石油、煤炭和金属矿物质合成的，因此人们把现代农业称之为“石油农业”“化学农业”“高消耗能源农业”。而且这些能源和矿物质一旦合成化肥和农药施入田间和喷洒在作物上就不会再生，因此现代农业是一种投入资源多，消耗能源大的高耗能生产系统，不符合节能、减排、降耗的国策。如果采取有机种植就会节约矿物资源，减少能源消耗，造福后代子孙，是一项行之有效的节能、减排、降耗的农业生产方式。

3. 有机农业可利用废物，提高地力，保持土地的可持续增产

有机农业采用的耕作方式是实行轮作倒茬、秸秆还田、种植绿肥、施入农家肥

和生物肥来培肥地力，满足作物对营养的需求。实行轮作倒茬可防治土壤长期种植一种作物后造成土壤中的养分单一，同时与豆科作物轮作可使大气中的氮素固定在土壤中；秸秆还田，包括秸秆的“过腹还田”和人粪尿及人们生活垃圾沤制成的农家肥，施入土地中是一种废物利用，也是能源的再利用；施入生物肥可分解土壤中的氮、磷、钾，将土壤中不可被植物吸收的氮、磷、钾分解为速效氮、速效磷、速效钾供植物吸收利用；秸秆还田、种植绿肥、农家肥和生物肥的施入都会给土壤增加大量的有机质和有益微生物，而有机质和微生物的存在会使土壤形成团粒结构，土壤松软，通透性强，有利于植物的生长发育。在生产实践中会遇到这样一个问题，长期大量施入化肥的土壤硬化板结，施入农家肥的土壤松软，其道理就是有机物和微生物的存在，使土壤形成团粒结构而土壤松软，增加土壤的气孔量和通透性；而盐根离子的大量积累会使土壤形成次生盐碱化，土壤板结而发硬。而且人们发现长期大量施入化肥的地块，相对产量会逐年下降，也就是投入效益逐年递减，而不断施入农家肥的地块相对产量会逐年上升，收到可持续增产的效果。因此实行有机种植可充分利用秸秆、人与牲畜粪便以及生活垃圾等废弃物来不断提高土壤有机质含量和肥力水平，从而保持土地的可持续增产。

4. 有机农业可节省开支，提高效益，有利于竞争

有机种植选用抗病虫品种，实行轮作倒茬和生物防治的方法来防治病虫害；采取轮作倒茬，秸秆还田，种植绿肥和增施农家肥与生物肥的方法来提高土壤肥力。这些措施可节省开支，降低成本，不会出现增产不增收的现象；而所生产的有机产品因不含对人体有害的物质而受到广大消费者的欢迎，从而提高了产品的产值和市场竞争力，一般有机食品比普通食品提高产值30%~50%，甚至是几倍。因此，有机农业生产是一项成本低、产值高、效益好、竞争力强的生产方式。

由于有机农业对食品安全、人类健康、保护环境、恢复生态平衡有很好的促进作用，其作为一种劳动与知识密集型产业，对农村就业、农业生产水平、农村可持续发展的带动作用，决定了有机农业发展的意义和巨大潜力。有机农业是一项新兴的农业生产方式，是人类社会进步的表现，有很好的发展前景。随着人类社会文明的不断进步，生活水平的不断提高，人们对减少疾病，关爱生命，保证生活质量，提高健康水平越来越重视。因此，保护生态环境，保证食品安全成为全球人类之大事。目前在欧美和日本一些国家已把有机农业作为一项提高本国人民健康水平，保护生态环境的一项重要措施。随着全球经济一体化的发展，我国加入 WTO 后，融入了全球性的农业生产，有机农业得到各级政府和各社会团体、企事业单位的重视，成为我国农业攻克国际贸易“技术壁垒”的一项战略措施，因此，发展非常快速。国家成立了“国家环境保护总局有机食品发展中心”（OFDC），各省都相应成立了绿色食品办公室，以及有机食品管理和认证机构；制定了有机和绿色食品标准，指导生产，推动进出口及市场贸易。因此，有机、绿色、无公害农业将会成为我国近年来农业发展的一项重要的农业生产发式。

第二节　有机农业与绿色、无公害农业的区别

有机农业、绿色农业、无公害农业同属生态农业，是三个管理措施不同、生产种植标准不同、产品质量不同、产品的安全程度不同的农业生产。如果从产品的质量安全程度和生产规模上讲，三种产品形成一个宝塔形，有机产品级别最高，产量较少，位居塔顶；绿色食品次之，位于塔中；无公害农业产品级别最低，产量最大，位于塔底。见我国食品安全结构图 1-2。

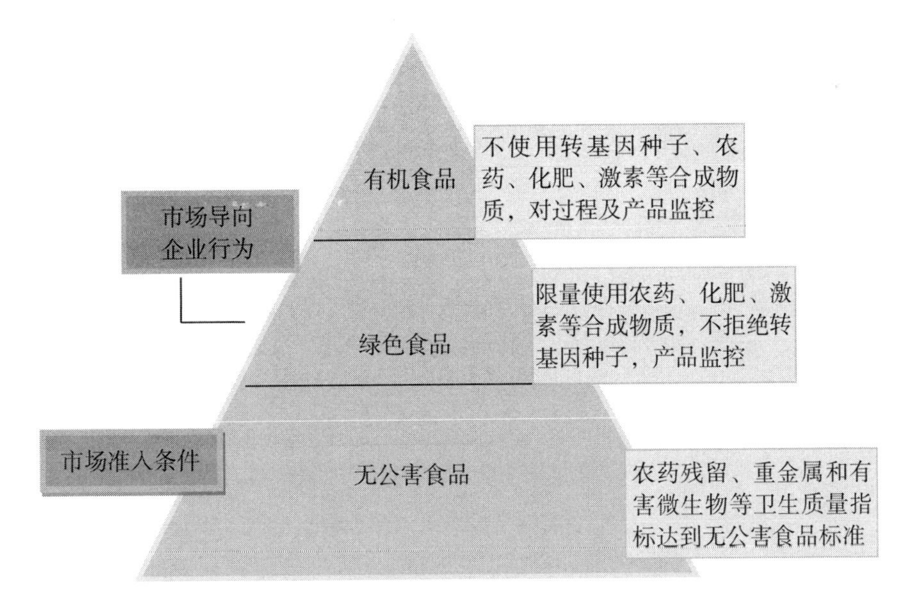

图 1-2　我国安全食品的结构

主要区别如下。

1. 种植生产的依据标准不同

有机农业及产品一般通用的是：“国际有机农业运动联合会”制定的生产标准，具有国际性；绿色、无公害农业及产品一般采用的是我国制定颁布的标准，只运用

国内生产。

2. 概念不同

有机食品这一词从英文 Organic Food 直译过来的，其他语言中也有叫生态或生物食品等。有机食品指来自有机农业生产体系，根据有机农业生产要求和相应标准生产加工，并且通过合法的、独立的有机食品认证机构认证的农副产品及其加工产品；绿色食品是指遵循可持续发展原则，按照特定生产方式生产，经专门机构认定，并许可使用绿色食品标志商标的无污染的安全、优质、营养类食品。绿色食品分 A 级、AA 级，通常说的绿色食品一般指 A 级，AA 级绿色食品等同于有机食品；无公害农产品是指产地环境、生产过程、产品质量符合国家有关标准和规范的要求，经认证合格获得认证证书并允许使用无公害农产品标志的未经加工或初加工的食用农产品。

3. 种植要求不同

有机农业生产对生产环境条件要求严格，生产过程中严禁使用人工合成的任何化学农药、化学肥料、化学除草剂、化学生长调节剂等化学合成物质和转基因种子；绿色农业生产过程中 A 级允许使用高效、低毒、低残留的化学农药，也允许使用化学肥料，不拒绝基因工程方法的种子和产品；无公害农产品则只禁用高残留农药。有机农业生产要求有 2~3 年的转换期，而绿色、无公害农业生产不要求有转换期。

4. 食品安全标准不同

有机食品强调生产的全过程和管理，有机食品颁证是对生产方法的颁证，同时包括对产品的处理；而绿色食品只注重产品的检测结果，有机食品执行国际通用食品标准，即在《国际食品法典》中对有机食品的生产、加工、贸易有明确的规定，此规定是国际食品贸易仲裁的依据；而绿色食品和无公害食品则是执行我国制定的相关食品标准，此标准不作为国际贸易仲裁的依据；无公害农产品的部分指标等同于国内普通食品的标准，部分指标略高于国内普通食品标准。

5. 目标定位不同

有机农业是为了保持良好的生态环境，强调人与自然的和谐共存，其食品达到生产国或销售国高质量农产品质量水平；绿色农业是为了提高生产水平，满足较高要求，其食品达到发达国家普通食品质量水平；无公害农业是为了规范生产，保障基本安全，满足大众消费，其产品达到中国普通农产品质量水平。

6. 运作方式不同

无公害农产品采取政府运作，公益性认证，认证标志、程序、产品目录等由政府统一发布，产地认定与产品认证相结合；绿色食品采取政府推动，市场运作，质量认证与商标使用权相结合；有机食品属于社会化的经营性认证行为，因地制宜，市场运作。

7. 认证方法不同

无公害农产品和绿色食品认证依据标准，强调从土地到餐桌的全过程质量控制，检查检测并重，注重产品质量。有机食品实行检查员检查制度，在国外通常只进行检查，在国内一般以检查为主，检测为辅，注重生产方式。

8. 认证机构不同

无公害农产品认证由农业部农产品质量安全中心负责；绿色食品认证由中国绿色食品发展中心负责；农业部门的有机食品认证由农业部中绿华夏有机食品认证中心负责。

9. 标志不同

见彩图 1–1。

第三节　有机农业基地建设与生产

一、有机农业基地建设

有机农业对生产环境有严格要求，生产环境要远离污染，远离工业区，远离人口集中区域以及居民生活垃圾场。有机农业生产基地的建设是一个系统工程，连续性很强，一般应分以下几个步骤，即基地选择→基地规划→操作实施→检测认证。

1. 有机农业基地选择

有机农业是一种生态农业工程，强调环境对农业生产的影响，因此，选择基地时需要符合以下几点要求。

① 有机农业基地应选择周边环境纯净无污染的地域，即没有大型化工厂、重金属矿石场、污水处理厂、垃圾处理厂、污染水源的河流、污染空气的侵袭等对环境可能造成污染的条件因素。

② 需要有灌溉的，水源必须符合《农田灌溉水质标准》GB 5084–1992；基地土壤符合《土壤环境质量标准》CB 15618–1995；有大气污染源的，要符合《保护农作物的大气污染物最高允许浓度》CB 9137–1988 的标准等。

③ 有机农业基地的选择要远离大都市，防止城市污染物侵袭；要避开车辆多

的交通要道，防止油类和车辆尾气排放的重金属铅污染。

④ 最好选择有机肥源充足，土地资源多，面积广，可实行草田轮作的农牧结合区。

⑤ 基地选择要考虑作物的轮作倒茬问题，因此，选择的基地必须能种三种作物以上。

⑥ 有机农业基地与普通种植区的地块连接处要求有 8m 宽的隔离带，隔离带最好选择有机种植区与普通种植区的地块连接处有 10m 宽以上的天然隔离带，如大山、纯净的河流、沟壑、林带等。

2. 有机农业基地规划与方案制定

基地选择好后，就要对其进行全面的规划，为建立一个具有良性循环的生态农业保护的有机体系而制定实施蓝图。

首先对基地的环境状况、生产条件、种植习惯、人文地貌、气候因子、资源状况、科学种田水平以及经济和社会等多种因素进行全面的调查了解，对调查了解的原始资料进行整理分析。在整理分析的基础上，按照有机农业生产的原理和要求，扬长避短，发扬有利因素，克服不利条件，从而制定出切实可行的有机生产整体实施方案。方案应包括以下几点主要内容。

① 基地的运作模式。基地运作模式应根据条件而定，如公司加农户的模式、公司加农场模式、公司加农民协会的模式等。选其中的 1~2 种形式为该基地的运作模式。在此基地上建立基地的生产机制与销售经营机制。

② 基地的组织与领导机构，参加单位，职责与分工。

③ 确定项目技术依托单位，成立项目技术咨询小组。

④ 基地拟采用的生产技术标准与规程。

⑤ 制订项目培训计划。培训教材的编写，培训人员，培训形式等。

⑥ 基地建设内容。包括实际面积，隔离带的设置，主要种植的作物，轮作倒茬模式，有机肥的生产、来源和使用，种子生产与使用，病虫害防治方法与技术，田间管理以及主要作物品种的选用等。

方案是基地建设的蓝图，是关键，是基础，是指导性文件，要在充分调研的基础上，进行周密细致的规划，要做到切实可行，便于操作。

3. 操作实施步骤

① 起草相关文件。基地建设是一件复杂的事，需要多方配合，因此要确立项目参加单位的关系和利益，签订合同协议；并制定和引用各种标准；制定规章和制度。

② 组建项目组。要将参加单位的人员组建成项目组，按各自的特长和工作需

要进行明确具体的分工。做到分工明确，责任到人。

③ 编写培训教材。按照基地种植的作物和生产情况，编写基地建设培训教材。教材编写要做到内容全面、通俗易懂。

④ 制定规划。对确定的基地进行勘测规划，制定种植技术、培肥地力的发展规划和技术方案。

⑤ 对基地人员进行培训。有机农业不同于无公害农业、绿色农业和传统农业。对生产条件要求严格，是种植业与养殖业的有机结合，因此，必须对基地的技术人员和生产者、加工者进行全面的技术培训，使其全面了解掌握有机种植、加工要求和政策法规。

⑥ 种植与生产。种植与生产不但要按照具体方案操作实施，而且要建立田间种植档案，做好调查记载。

⑦ 基地认证。基地通过有机生产转换后，应及时向有关认证单位提出认证申请，做好有关材料的撰编工作，认证前要按照认证条例的要求对基地进行全面的自查，解决存在的问题，使其能顺利通过认证。

二、有机农业的投入物质

我国有机农业生产标准是在 IFOAM 和 EU 的有机标准框架下制定的，现按照《有机产品国家标准》（GB /T 19630-2011）执行。国家标准包括生产、加工、标识与销售、管理体系 4 部分内容，并对允许使用的物质和生产措施进行了说明和规范。其中禁止在有机生产体系或有机产品中引入或使用转基因生物及其衍生物，包括植物、动物、种子、成分划分、繁殖材料及肥料、土壤改良物质、植物保护产品等农业投入物质。存在平行生产的农场，常规生产部分也不得引入或使用转基因生物。在作物种植期，对种子和种苗选择、作物栽培、土肥管理、病虫草害防治、污染控制、水土保持和生物多样性保护等方面做了详细规定。

有机农业种植生产技术中，土壤和有害生物管理是其中重要的两个方面，在实际生产中也较难控制。土壤肥力是衡量有机农场是否健康的重要指标，可通过适当的耕作与栽培措施维持和提高土壤肥力，采用种植豆科植物、免耕或土地休闲等措施进行土壤肥力的恢复，施用有机肥以维持和提高土壤肥力、养分平衡和土壤生物活性。有害生物的管理可采取农业防治措施，其中包括保护性耕作、轮作或间作、土壤改良、有益生物的生境调节及作物的抗性品种选择等；保护和利用天敌控制害虫；使用生物农药控制病虫害；利用物理方法和措施防治病虫害。

三、有机农产品的生产与加工

（一）有机加工厂环境要求

周围不得有粉尘、有害气体、放射性物质和其他扩散性污染源；不得有垃圾堆、粪场、露天厕所和传染病医院；不得有昆虫大量滋生的潜在场所。生产区建筑物与外缘公路或道路应有防护地带。

（二）有机产品加工的要求

1. 原料要求

（1）95%以上的原料必须来自经有机认证机构认证的材料。

（2）当有机配料无法满足需求时，允许使用非人工合成的常规配料，但不得超过所有配料总量的5%。一旦有条件获得有机配料时，应立即用有机配料替换。不能证实是来自有机种植基地的原料一律按常规产品进行处理。

（3）用于生产加工的水必须符合GB 5749-2006《国家生活饮用水卫生标准》要求。每年至少抽取水样送当地卫生防疫部门检测一次。每月由品管部进行一次常规的卫生抽检。

2. 包装材料

（1）所使用的内包装材料不得含有聚氯类等有害成分。

（2）产品包装上的喷墨或标签、封签中使用的黏着剂等必须无毒。

3. 产品的生产、包装

（1）同时生产相同品种的有机产品和常规产品时，必须采取有效的保证措施，明确区分有机产品和常规产品，避免有机产品和常规产品接触、混淆。防止有机产品与禁用物质接触，包括从原料的购入、贮存、加工、包装、入库都必须严格隔离、标识和记录；常规产品加工完毕后必须对生产线和设备进行彻底清洁干净后才能加工有机产品，应合理安排生产计划，错开加工有机产品与常规产品的生产时间。

（2）有机产品在生产、储存、运输等过程中必须杜绝有毒化学物质的污染。所有的有毒化合物（清洁剂、消毒剂、灭鼠剂、杀虫剂、机器润滑油、食品添加剂等），都必须单独专门存放，远离生产加工区，并清楚的标识其品名、规格、浓度、有效期、批号和配制日期。

（3）制定和实施有机产品加工内部质量保证和控制方案。在生产、包装、储存和运输等过程中必须有完善的档案记录，包括相应的票据，并建立跟踪审查体系。

（4）对加工出来的产品严禁用辐射来控制害虫、杀菌、保存、消毒。禁用石油浸出物进行提取或浓缩。

4. 卫生要求

（1）严格执行所制定的卫生制度，并定期进行环境卫生的检查。

（2）采购的原材应贮存在阴凉、通风、干燥、洁净，并有防虫、防鼠、防雀设施的仓库内或金属粮仓内，同一库房内的有机生产原料应与其他材料分别存放。

（3）保持有机产品加工外部设施（库房、废物堆放场、老设备存放场、地面景观和停车场等）和内部设施（加工、包装和库房等）的环境清洁。采取生态和物理措施除苍蝇、老鼠、蟑螂和其他有害昆虫及其滋生条件。加工厂及其附属设施需远离有毒、有害场所。

（4）清洗和消毒加工设备时应使用经认定允许用的清洁剂、消毒剂。清洗和消毒结束后其残留物必须用生活饮用水冲洗干净，其残留物浓度不得高于1mg/kg。

四、有机农业产业化特征

1. 专业化

有机农业产业化要求农产品生产部门、加工部门、储运部门、销售部门以及其他相关服务部门的分工专业化，以提高各部门的生产经营效率，使有机农业的社会效益相平衡，综合效益最大化。

2. 标准化

有机农业产业化的经营过程要严格按照有关有机农业标准执行，针对有机农业产业化的每个环节，各个国家都有严格的标准。有机农业的生产环境必须远离对有机农业的生产带来污染的源头；有机农业的种子必须是有机种子或在难以获得有机种子的情况下没有经过转基因技术或辐射技术处理的优良种源；有机农业的生产过程中，投入的有机肥可以是腐熟的家禽粪便、堆肥，以及不含化学制剂的肥料；采用间作或轮作方式防治农作物病虫害，或采用物理方式或低毒生物农药等。

3. 区域化

农业尤其是种植业受自然条件的制约性比较大，地域性比较强。有机农业要培育有原产地优势的有机农产品，必须根据每个区域的优势进行资源优化配置，设置不同的有机农产品生产基地。

4. 一体化

有机农业产业化中的各个部门在利益联结机制下形成一个利益共同体，共同经营、共担风险、共同发展。

5. 市场化

有机农业产业化的发展离不开国内外市场的推动。种养殖有机农业的小农户与有机农产品大市场之间的矛盾使小农户难以顺利进入大市场，需要有机农业产业链中其他环节的中间商介入，如有机农业公司、有机农业合作社等中介组织。有机农业组织的介入使有机农业产前、产中、产后等各环节相结合，形成有机农业产业一体化经营，以保证有机农产品从“田间到餐桌”整个过程中的质量。

第四节　有机农业的认证机构

随着有机农业的发展，有机认证机构如雨后春笋不断涌现。具有权威的认证机构是中国 OFDC，南京国环有机产品认证中心（原国家环境保护总局有机食品发展中心检查认证部，简称 OFDC），是经中国国家认证认可监督管理委员会（CNCA）批准、中国合格评定国家认可委员会（CNAS）和国际有机农业运动联盟（IFOAM）认可机构（IOAS）认可的专业从事有机产品和良好农业规范（GAP）认证的认证机构。OFDC 自成立以来，中心一直从事有机农业和生态农业产业政策、标准、实用技术、生产基地建设的规划研究、宣传、培训和质量控制等工作，为政府主管部门进行有机产业管理决策提供技术支持，开创了中国有机产品事业的先河，目前在全国设有 23 个省级分中心和办公室。 OFDC 可以与世界其他 30 多家 IFOAM 国际认可的有机认证机构实现互检。

在我国的有机认证机构有两个类型，一是国外进入的组织机构，主要有瑞士生态市场研究所，简称 IMO；美国 BCS 有机保证有限公司（BCS Oeko-Garantie Cmbh），简称 NOP；欧盟国际生态认证中心，简称 EEC 等；二是国内组建的，约有 20 多家，现列表如下（表 1-3，表 1-4，表 1-5），供认证时参考选择。

表 1-3　国内有机产品认证机构目录

序号	机构名称	批准号	联系电话
1	中国质量认证中心	CNCA-R-2002-001	010-8388666
2	方圆标志认证集团有限公司	CNCA-R-2002-002	010-88411888-609/610/607
3	上海质量体系审核中心	CNCA-R-2002-003	021-52387700
4	广东中鉴认证有限责任公司	CNCA-R-2002-007	020-87369002/9003/9001
5	浙江公信认证有限公司	CNCA-R-2002-013	0571-85067941
6	杭州万泰认证有限公司	CNCA-R-2002-015	0571-87901598
7	北京中安质环认证中心	CNCA-R-2002-028	010-58673399
8	中食恒信（北京）质量认证中心有限公司	CNCA-R-2002-084	010-52227546
9	黑龙江省农产品质量认证中心	CNCA-R-2002-089	0451-87979267
10	北京中绿华夏有机食品认证中心	CNCA-R-2002-100	010-64270308/64228888
11	中环联合（北京）认证中心有限公司	CNCA-R-2002-105	010-58205886
12	杭州中农质量认证中心	CNCA-R-2003-096	0571-86650449
13	北京五洲恒通认证有限公司	CNCA-R-2003-115	010-63180681/63180691
14	辽宁方圆有机食品认证有限公司	CNCA-R-2004-122	024-86806565/86808585
15	黑龙江绿环有机食品认证有限公司	CNCA-R-2004-123	0451-86484811
16	辽宁辽环有机食品认证中心	CNCA-R-2004-128	024-31200366
17	北京五岳华夏管理技术中心	CNCA-R-2004-129	010-63310558
18	新疆生产建设兵团环境保护科学研究所	CNCA-R-2004-131	0991-2819402
19	西北农林科技大学认证中心	CNCA-R-2004-133	029-87091495/87091496
20	南京国环有机产品认证中心（OFDC）	CNCA-R-2004-134	025-5411206/5425370
21	安徽中兴产品认证有限公司	CNCA-R-2005-082	0551-3356508
22	吉林省农产品认证中心	CNCA-R-2006-142	0431-5337527
23	北京东方嘉禾认证有限责任公司	CNCA-R-2006-145	010-69973476
24	大连市环境科学研究院	CNCA-R-2004-132	0411-4670974
25	北京中创和认证中心有限公司	CNCA-R-2004-127	010-62737667

表 1-4 中国香港和中国台湾现有机食品认证机构

序号	机构名称	联系电话
1	香港有机认证中心（hkocc）	00852-27928164 00852-27928994
2	香港有机资源中心（hkorc）	00852-34117912 00852-34112373
3	慈心有机农业发展基金会（toaf）	00886-225452545 转 151 00886-225452547
4	国际美育自然生态基金会（moa）	00886-227819420 转 252 00886-227819421
5	台湾省有机农业生产协会（topa）	00886-492381809 00886-492381810

表 1-5 国外有机农业在中国的认证机构

序号	机构名称	联系电话
1	欧盟国际生态认证中心（ecocert）	010-62732325 62818363 62731112
2	国际有机作物改良协会（ocia）中国联盟	025-85424778 85473103
3	瑞士生态市场研究所（imo）中国代表	025-83212780 83203586 83201536
4	德国有机 bcs china	0731-4637041 4636932

第五节 我国北方燕麦主产区发展有机农业的优势

一、中国有机农业发展优势

中国地域辽阔，传统农业基础好，劳动力资源丰富，又有生态农业、生态建设的基础，发展有机农业具有较低的成本优势和品种丰富的优势；目前国内市场潜力巨大、国际市场增长快速，因而发展有机农业具有许多天然和传统的有利条件，有机农业前景光明。

1. 幅员辽阔可提供天然生产基地

中国幅员辽阔，包括中西部地区的很多地方经济发展相对落后，沿袭传统农业生产方式，自然资源未受破坏，现代工业造成的污染小，不使用或者很少使用农药、除草剂等化学合成物质，呈现出自然生态优势和地域资源优势，这些地区的耕地比较容易转建成有机农业生产基地。

2. 巨大的市场潜力是发展源泉

中国人口众多，有机产品消费市场潜力巨大，是有机农业发展的动力源泉。随着人民生活水平和受教育程度的提高，人们对有机食品的理解认识得到加强，有机食品特别是婴幼儿食品以及直接供人们食用的瓜果蔬菜的消费量将会迅速增大。

3. 传统农业是重要技术基础

中国是一个具有悠久农业生产历史的大国，农业的轮作、间作、套作及施用农家肥等传统生产技术适用于有机农业，可以直接运用到有机农业生产中。中国有着丰富的传统农业的经验，自古以来就有使用堆肥、沤肥等农家肥的良好习惯，具有丰富的物理、机械、生态等技术防治病、虫、草、害，这些传统农业的技术精华为中国有机农业的发展提供了有力的技术支持。

4. 农村剩余劳动力是人员保证

有机农业属于劳动密集型农业，中国具有丰富且价廉的劳动力资源，特别是在中国农村，剩余劳动力成本低。有机农业在增加农民收入的同时，创造了更多的就业机会，减少农村剩余劳动力对就业的压力。

5. 政府鼓励提供了重要政策保证

有机食品的开发与生产符合国家方针政策，有机食品价格比普通食品高，因此将会产生良好的经济效益，能切实增加农民收入，符合农村产业结构调整政策，从而得到了各级政府的大力支持。不少地方政府从保护生态环境和发展农村出发，制定了鼓励政策，对有机农业和有机产品开发实行补贴，加大了对有机农业和加工业的投资力度，推动了有机农业的发展。

有机农业发展符合中国国家政策，有机产品国内外市场潜力巨大，有着广阔的发展前景，并且大力发展有机农业还可以对保护自然资源、改善生态环境、维持农业可持续发展起到积极的促进作用。因此，应充分发挥有利条件，借鉴学习发达国家有机农业的先进经验，研究有机农业理论，规范有机农业集成技术，加强认证机构监督和管理，建立生产者、经营者和消费者间的诚信机制，积极开拓有机产品市场，切实发展国内有机农业。

二、北方燕麦主产区发展优势

我国北方燕麦主产区主要指分布在华北阴山、燕山山脉的晋、冀、蒙三省区和西北的贺兰山、六盘山南麓的陕、甘、宁、青四省区，以及新疆、西藏自治区（以下称西藏）、黑龙江、吉林的部分旗县。该燕麦产区的主要特点是位于我国北方的农牧交错带，或农牧镶嵌区。地多人少，半农半牧，发展有机农业有以下几点比较优势。

1. 自然环境无污染的优势

我国北方燕麦产区自然环境好，工业不发达，环境无污染。该地区的燕麦主要种植在海拔 1 200m 以上的高海拔、高寒边远地区，工业不发达，没有对环境造成污染的大型工矿企业；而且海拔高，风大，空气流通好。所以有自然环境好、无污染的环境优势。该地区多为干旱、半干旱地区，年降水量在300~400mm，降水量少，地下水资源贫乏，没有外区域水源流入，靠天然降水，为雨养农业，所以有水、土资源纯净，无污染的优势。

2. 大田作物病虫害少的优势

该地区气候冷凉，为一年一熟制种植区，雨水少，气候干燥，不利于植物病虫害的发生。因此种大田作物一般不用防虫灭病，有不施农药的优势。

3. 不施用化肥的优势

该区为半农半牧区，有利于有机生产种、养的内部循环。我国北方燕麦产区位于农牧交错带，或农牧镶嵌区，实行半农半牧，种养业结合，农业残茬秸秆，牲畜粪便是很好的有机肥源，形成了种养业自然的有机物质内部循环系统的优势。

4. 易实行草田轮作的优势

该地区人均耕地多数在10亩左右，甚至更多。总体呈现人多地少，有着传统的草田轮作耕作习惯。这一生产形式可以培肥土壤，减少病虫害的发生，符合有机农业的循环体系。

5. 基本上仍实行的是传统的农业耕作方式，有利于有机技术的应用推广

由于该地区经济欠发达，且水资源贫乏，施用化肥有效利用率低，因此，种大田作物基本不施化肥，仍然采用的是传统的农业耕作方式，有机技术方式农民容易接受，有利于应用推广。

6. 典型的杂粮区，可种植的作物多，有利于轮作倒茬

该地区属于典型的杂粮区，可种植的大田作物有20多种，有利于轮作倒茬，符合有机种植轮作倒茬的要求。

7. “一退双还”的重点地区

该地区是国家实行“一退双还”的重点地区，历史上也是国家林、草业发展的主要地区，大力发展林、草业，形成农田林网化，草田相间，非常有利于有机农田的保护与隔离，有利于有机基地的建设。

三、有机饲草是发展有机畜产品的基础

饲草产品是用于生产绿色畜产品的一类重要家畜饲料。饲草产品通过饲喂家畜而转化为畜禽产品为人类食用，其中的有毒有害物质，如霉菌、农药残留等会残留在肉类或牛奶中，危及人体健康和生命安全。饲草料的质量安全是保障畜禽产品安

全的第一道关口。随着社会的发展和对畜产品安全要求的不断提高，目前对饲草料产品的质量安全问题的关注度提高，近年来，工业饲料出现瘦肉精、苏丹红，奶类产品出现三聚氰胺等有毒有害添加物事件，严重危害人类健康和生命安全。由于饲草料产品中兽药残留、重金属等有毒有害物质残留超标，造成中国畜禽产品出口受阻，使我国蒙受了巨大经济损失，饲草料质量安全问题成为最为突出的问题，制约了中国饲草饲料工业持续健康发展。在饲草料产业发展初期，人们主要解决饲草产量的问题，以保证养殖业发展对饲草料的需求，随着饲草料生产的发展，为降低饲草成本节约饲草资源，社会对饲草产品质量越来越重视；精心设计饲草配方，注重使用饲草料添加剂，降低料重比和饲草料成本。在饲草料供应量满足后，动物性食品越来越丰富，进而人们越来越关注饲草料的安全性及由其引发的动物性食品安全和食品风味，天然饲草料、优质饲草料、无公害饲料在动物营养中的身价上升，备受养殖者的青睐。因此加强草种和饲草产品监管迫在眉睫。

我国有机种植产品种类主要包括谷物、蔬菜、水果及坚果、豆类及油料作物、茶叶、青贮饲料及其他植物，且有机茶叶生产面积占全球的1/2，谷物、蔬菜和豆类及油料作物占全球的1/5~1/4。我国有机饲料的生产面积非常小，仅有$0.129 \times 10^6 hm^2$，仅占全球的5.5%，这与我国大力发展养殖畜牧业、从源头保证食品安全、保证粮食安全的基本发展国策不协调，因而大力发展有机饲草料是制约和影响畜牧业可持续发展的一个重要因素。

第二章　栽培饲草的重要性

饲草料主要是指草食家畜食用的草本植物饲料，是草食畜牧业发展的重要基础和保障。新中国成立以来，为解决温饱问题，长期以"以粮为纲"和"重粮轻草"的思想指导，致使我国对饲草料生产和草食畜牧业发展不够重视，导致优质饲草料供应不足，牛羊等草食家畜生产能力不强，随着生活水平的提高，人们对牛羊肉和牛奶等草食性畜产品的需求量增加，成为畜牧业发展的短板的草食畜牧业成为了发展的重点。

第一节　我国饲草料生产现状

根据中国草业统计数据、草原保护建设工程监测报告、中国畜牧业统计数据，结合 21 世纪以来我国饲草料生产的发展基础和基本情况。总体来看，我国饲草料生产虽然水平不高，与现代畜牧业的需求有一定的差距，但发展趋势好。

一、天然草地生产饲草料能力

我国天然草原主要包括北方草原和南方草山草坡。我国从 1999 年开始实施退耕还草（林）政策，经过十余年努力，我国草原保护建设和畜牧业转型发展取得了很大成效，表 2-1 是随着退耕还草（林）政策的深入，我国天然草原实施禁牧的面积逐年增加，至 2013 年，已有 $1.0 \times 10^8 hm^2$ 的草原实现禁牧。

21 世纪以来，通过实施草原保护建设工程和生态保护补助奖励机制政策，改变了天然草原饲草料生产能力和产量，同时促进了农牧民生产、生活方式转变。经统计，在实施禁牧区的草原植被种类、高度、盖度和鲜草产量比非禁牧区都有明显提高，2014 年六大牧区的鲜草产量新疆地区增加最多，达到了 78%，内蒙古地区鲜草产量比非禁牧区增加了 47%，青藏高原区增加了 24 %，西南岩溶区增加了 25%。

表 2-1　2001—2013 年草原禁牧面积

年份	全国（$\times 10^4hm^2$）	17 项目省区		六大牧区	
		面积（$\times 10^4hm^2$）	比例（%）	面积（$\times 10^4hm^2$）	比例（%）
2001	875	875	90	138	14
2002	2 215	2 110	95	1 304	59
2003	2 999	2 893	96	1 477	49
2004	3 425	3 312	97	1 799	53
2005	3 387	3 274	97	1 965	58
2006	3 770	3 572	95	2 263	60
2007	3 810	3 609	95	2 344	62
2008	4 437	4 198	95	2 894	65
2009	4 755	4 538	95	3 138	66
2010	5 322	5 174	97	3 624	68
2011	8 196	8 045	98	6 413	78
2012	9 036	8 883	98	6 898	76
2013	10 000	9 856	99	7 687	77

对禁牧区草原干草潜在产量进行估算，2013 年全国一共可生产干草 8 700 万 t，其中六大牧区到达 5 663 万 t，虽然这些干草没有被利用，但是却为草食畜牧业发展提供了饲草料储备（表 2-2）。

表 2-2　2013 年禁牧草原生产能力

省（区）	面积	单产	生产能力（$\times 10^4t$）
内蒙古	2 987	824	2 462
四川	467	1 394	650
西藏	863	340	293
甘肃	667	737	492
青海	1 636	712	1 165
新疆	1 068	562	600
六大牧区合计	7 688	737	5 662
全国	10 000	870	8 700

禁牧虽然增加了天然草原饲草料生产能力，但在 2002—2013 年的 12 年间，我国天然草原因禁牧面积增加，导致饲草料产量比上一年减少，2011 年减少最多为 2 060 万 t，2007 年最少为 15 万 t，只有 2005 年没有减少，是由于因禁牧面积比上

一年下降了 38 万 hm^2，导致当年饲草料产量增加了 396 万 t。六大牧区的情况大体和全国 17 省项目区的趋势一致。饲草料产量的持续减少，给牧区畜牧业发展带来了巨大压力（表 2-3）。

表 2-3　2002—2013 年因禁牧面积增加而减少的饲草料产量

年份	全国		17 项目省区		六大牧区	
	增加面积（$\times 10^4hm^2$）	产量减少（$\times 10^4$）	增加面积（$\times 10^4hm^2$）	产量减少（$\times 10^4t$）	增加面积（$\times 10^4hm^2$）	产量减少（$\times 10^4t$）
2002	1 240	922	1 236	915	1 165	825
2003	784	889	783	887	173	154
2004	426	382	418	371	322	259
2005	−38	−396	−37	−396	166	145
2006	383	314	298	202	298	199
2007	41	15	38	11	81	61
2008	627	405	588	357	549	320
2009	318	242	340	274	244	145
2010	566	367	637	461	486	324
2011	2 874	2 060	2 871	2 056	2 789	1 967
2012	841	517	838	513	485	123
2013	964	805	973	824	789	530

在天然草原，从 2001 年开始，划拨一定的面积进行休牧轮牧措施让草地得到休养生息，使得饲草料产量得到提高，但因多数年份增加的休牧轮牧面积少于禁牧面积的增加量，且单位面积产量提高只有 10% 左右，因而休牧轮牧后增加的饲草料产量还不能弥补因禁牧减少的产量。

二、农牧区天然饲草料种类

我国大多数肉类畜产品原料来自于广大基层农牧区，牲畜饲用的草料属于天然饲料，这些饲料种类较专业养殖场种类丰富得多，在牧区的主要是各种牧草；农区有各种秸秆，如玉米秸秆、稻草、小麦秸秆、燕麦秸秆等；还有新鲜蔬菜、青草、树叶、米糠、麦麸等一些农副产品；棉区常有棉籽壳、棉籽饼；油料产区有菜籽饼、豆渣等副产品。在农区青贮饲料也是比较常见的主要饲料之一。

三、饲草进出口贸易现状

中国饲草的进出口贸易主要是苜蓿干草和燕麦草。自 1996 年以来，中国苜蓿干草出口量逐步呈现“萎缩”的趋势，而进口量却呈现增加的趋势，1996—2007 年为少量零星进口阶段，平均每年进口 1 475.19 t，进口量最多的是 2002 年，也仅有 4 719.60 t。这主要由于国内在此阶段并没有深刻认识到优质牧草对奶业健康发展的重要作用，很多奶牛养殖场长期沿用传统落后的“秸秆 + 青贮饲料 + 精料”饲喂模式，奶牛养殖过分依赖精料，忽略优质牧草饲喂，因此，这个阶段中国牧草进口量比较少。

2008—2014 年中国苜蓿干草和燕麦草的进口量都呈现指数式增长趋势。主要是从美国进口苜蓿干草和从澳大利亚进口燕麦草，其他草类几乎没有。2008 年开始，“三聚氰胺”事件开始让人们认识到忽视草业发展的危害，因此引起了社会各界对优质牧草的高度重视。由于国内市场上优质苜蓿缺乏，因而苜蓿干草进口量出现了指数式增长。研究计算，2008 年以来，中国苜蓿进口量与国内 500 头以上的规模化奶牛场奶牛存栏头数呈显著正向相关关系，相关系数高达 0.92。中国苜蓿干草进口价格可以分为两个阶段：1996—2007 年为大幅波动阶段，2008—2014 年为趋于高价平稳阶段。

随着国内规模化牧场增多、高产奶牛存栏增加，对优质燕麦的需求激增。主要原因是燕麦草纤维质量优于苜蓿草、钾含量低、适口性好，并非是苜蓿的替代产品，而是奶牛必不可少的优质牧草。

据荷斯坦从中国海关进口数据统计，2016 年 1~8 月中国进口燕麦干草总计 148 464.07t，同比增 45.07%；进口金额总计 4 923.18 万美元，同比增 37.34%。2016 年 8 月中国进口燕麦干草总计 22 435.01t，占当月干草总进口量的 12.50%，同比增 92.31%，环比增 29.22%；进口额总计 742.50 万美元，同比增 79.31%，环比增 28.76%。2016 年 8 月平均到岸价格为 330.96 美元 /t，同比降 6.76%，环比降 0.36%。燕麦草的进口全部来自于澳大利亚。2016 年 8 月燕麦干草进口量与去年同期相比有 92.31% 上升，与上月有 29.22% 上升；进口燕麦草到岸价与去年同期相比有 6.76% 下降，2016 年燕麦草价格整体稳定，到岸价稳定在 330 美元 /t 左右，具体见图 2–1。

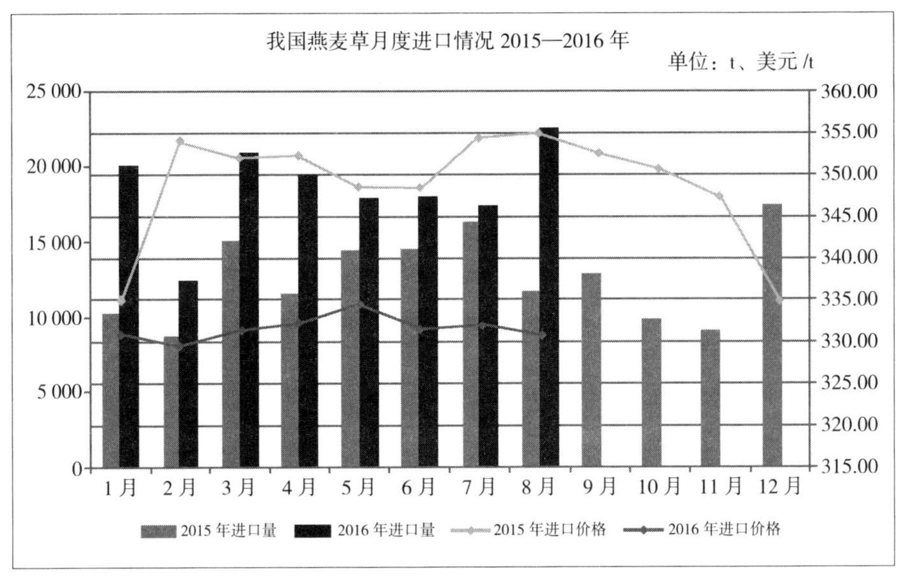

图 2-1　2015 年、2016 年我国月度进口燕麦草情况

数据来源：中国海关

四、农牧区饲草料生产问题

新中国成立后，我国草原地区人口增加，而天然草原由于开垦种粮以及道路、采矿等建设，面积却在减少，农牧民为了生存发展，饲养牲畜数量大幅度增加，导致草原超载过牧。近年来，虽然草原保护建设投入力度不断加大，草原改良和栽培草地建设力度还不够，草畜矛盾依然突出，草原生态持续恶化的趋势没有得到根本扭转。随着牛羊肉和牛奶等草食家畜产品消费量的增加，草食家畜规模化饲养比例的提高，对饲草料的需求量还将增加，总体上看，我国饲草料生产能力和水平还难以满足草食畜牧业发展和草原生态环境保护工作的需要。

1. 生产水平低

我国大部分地方，好的地种粮，只有粮食生产用不上或者过于贫瘠的土地种草。我国适宜不同地区生长的牧草品种较多，但在牧草种植技术方面的研究和推广力度不够，田间管理跟不上，甚至不施肥、不浇水、不除杂、不撒药，任其自然生长，产量和品质都低。另外，牧草生产机械化水平低，很难在适宜期内完成收割，田间损失高达 20% 以上。草产品保存不当，贮藏损失高达 10%~15%，远高于世界草业发达国家牧草收获田间损失贮藏损失的生产水平。

2. 供需不平衡

我国南方草多、北方草少，农区草多、牧区草少。南方草山草坡面积 7 000 多万 hm^2，利用率低，开发潜力较大。我国冬闲田、夏秋闲田、果园隙地、四边地利用率低，分别为 9%，21%，22%，19%；每年农区生产各类秸秆总量 7 亿多 t，饲料化利用比例不到 30%。牧区季节性饲草料供需不平衡非常严重，暖季牧场有余，冷季牧场不足，家畜怀孕产羔的关键时期，饲草料跟不上，严重影响了牛羊等草食家畜的养殖水平。

3. 优质草产品不足

我国草产品的产量从 2001—2003 年的年产量 5 万 ~6 万 t，到 2004—2008 年的年产量 60 万 ~90 万 t，再到 2009—2013 年的 210 万 ~260 万 t，草产品总量增长了 50 倍，但是依然不能满足草食畜牧业的发展需要。

4. 种子生产能力下降

种子是饲草料生产的基础。2001—2003 年，国家实施牧草种子繁育基地项目后，种子田面积和牧草种子生产能力较快增长；但是总产量出现较大的波动。2013 年仅有 7.2 万 t，比 2001 年减少了 40 %，比 2009 年减少了 50%。而国家草原保护建设工程项目和草原生态保护补助奖励机制带动了栽培草地建设，牧草种子的市场需求量增加，为了弥补种子田生产不足，满足市场需求，草地采种量从 2001 年的 6 639 t 增加到 2013 年的 9 229 t。种子混杂，品种退化等现象比较严重，据检测，牧草种子合格率仅为 50% 左右，一级品率不足 20%。

5. 组织管理支撑能力不强

我国还没有制定较为全面系统的栽培草地建设规划，草产品生产加工标准不健全，检测体系建设和检测工作基本属于空白，产品质量难以保证。与粮食生产相比，饲草料生产在测土配方施肥、农药化肥施用、病虫害防治、先进机械使用以及营养成分分析等方面的科学研究和技术推广工作还有较大差距。另外，我国牛羊等反刍家畜占牲畜饲养总量的比例仅有 25% 左右，发展空间较大，对饲草料的需求量大。加强栽培草地建设工作，提高饲草料生产水平，既可以替代部分进口的饲料粮，同时还可以为牧民提供较为充足的饲草料，有利于缓解天然草原的压力，促进草食畜牧业健康发展。

第二节　天然饲草料质量安全影响因素

饲草料是生产畜产品的物质基础，饲草料的安全性和安全饲用直接影响到安全畜产品的生产和畜牧业健康发展，更直接关系到人们的身体健康和生命质量。加强饲料安全管理，提高畜产品的安全性，已经成为全社会关注的焦点。来自于基层农牧区的天然饲料，并非属于无污染的“绿色食品”，其实存在不安全因素，在饲养过程中也存在不安全环节，所生产的畜产品不完全是绿色的，也存在安全隐患。主要有以下问题：① 在天然草场上治蝗灭鼠所使用的药物残留污染了牧草；② 新鲜蔬菜、青草、树叶米糠、麦麸等农副产品的属于高农药残留的饲草料；③ 劣质的谷物及腐烂变质的蔬菜是含有极高霉菌毒素和有毒微生物的饲料；④ 疫病预防体系不健全，病死动物性饲料存在更大的中毒或疾病传染隐患；⑤ 特殊饲料中的天然有毒成分使得农副产品具有安全隐患，如棉籽饼粕中的棉酚、菜籽饼粕中含有的含硫葡萄糖苷、芥子碱、芥酸等有害物质；⑥ 青贮饲料二次发酵亚硝酸盐残留造成不安全因素；⑦ 各种秸秆堆放不当发霉变质；⑧ 饲养环境土壤重金属超标及传统的饲养方法造成饲喂过程饲草料污染。

第三节　发展栽培饲草的重要性

我国畜牧业一直在走以耗粮型为主的传统道路，这种畜牧业发展已进入了一个迟缓而微利的时期，已成为我国新型畜牧业发展的绊脚石。在青藏高原及其周边的高寒牧区，草畜矛盾始终制约着草地畜牧业的可持续发展，家畜需草的长期性和草地生产的季节性之间的矛盾也一直是草地畜牧业发展中亟待解决的首要问题。因此调整畜牧业结构，扩大饲料原料的来源，加大补饲和舍饲养殖，便成为畜牧业发展的热点和趋势；通过加工利用牧草饲料资源，提供家畜冷季补饲的饲料储备，是实现畜牧业可持续发展的有效手段。青干草调制作为畜牧业生产的传统办法，可以把饲草从旺季保存到淡季，能够解决丰草期大量牧草霉烂、枯草期饲草缺乏等问题，且具有简便易行、成本低、便于长期大量储存等优势，是解决草畜平衡问题的一项重要措施，对促进草地畜牧业的发展具有重要意义。因此，加工利用优质牧草饲料资源是今后实现畜牧业可持续发展的必由之路。在京津风沙源治理、退牧还草、西南岩溶地区草地治理工程和草原生态保护补助奖励机制的支持下，我国栽培草地建设取得了明显成效。

一、增加牧区饲草储备

2001年以来，在当年新增种草面积中，一年生牧草（含青贮青饲类饲用作物，下同）种植面积呈逐年增加趋势，从2001年的225万 hm^2 增加到2013年的459万 hm^2，增长了1倍多；多年生牧草（含饲用灌木和半灌木，下同）种植面积从2001年的324万 hm^2 增加到2006年的392万 hm^2。自2013年栽培草地建设出现了从牧区向半农半牧区、农区和南方草山草坡区转移的趋势。牧草种类2013年多年生牧草年末累计保留面积1 628万 hm^2，比2001年增长了11%，其中紫花苜蓿（Medacago satava）、披碱草（Elymus dahuracus）、多年生黑麦草（Lolaum pereuue）、三叶草属（Trifolaum）、狼尾草（Peuuasetum alopecuroades）、冰草（gropyrou cristatum）等多种优质牧草种植面积较大，多年生牧草年末累计保留面积的比例从2001年的85%增加到2013年的94%。紫花苜蓿是种植面积最大的多年生牧草，2013年末累计保留面积497万 hm^2，比2001年增长了74 %。青贮青饲类饲用作物种植面积增长较快，2013年青贮青饲玉米237万 hm^2，比2001年增长了3.2倍，占一年生牧草种植面积的52%。牧草产量由于栽培草地向雨、热、水、肥等立地条件较好的半农半牧区、农区和草山草坡区转移，且在草原保护建设工程项目和草原生态保护补助奖励机制的推动下，紫花苜蓿、多年生黑麦草和青贮青饲玉米等优质高产牧草饲料作物种植比例提高，栽培草地生产效率和增产能力显著增强，2013年末累计种草保留面积仅比2001年增长了24 %，但是饲草料产量达到18 939万t，比2001年增长了115%，六大牧区栽培草地饲草料产量从2001年的5 938万t增加到2013年的10 187万t，增长了72 %。栽培草地饲草料产量增加，促进了草食畜牧业生产方式转变和产业结构调整，提升了草食家畜养殖水平。

2002—2013年的12年间，全国有9年栽培草地饲草料增加量弥补了天然草原的减少量，且有不同程度的富余，最多的2005年为2 204万t，最少的2006年为76万t；有3年饲草料总产量比上一年下降，最多的2011年减少3 430万t。而六大牧区饲草料生产形势相对严峻，2001—2013年饲草料产量有6年比上一年增加，6年比上一年减少。

二、调整种植结构，保证粮食安全

2015年中央一号文件强调“加快发展草牧业，支持青贮玉米和苜蓿等饲草料种植，开展粮改饲和种养结合模式试点，促进粮食、经济作物、饲草料三元种植结构协调发展”，对饲草料生产提出了明确要求。近年来，我国牧草种植和产量不断增加，虽不能满足我国畜牧业的发展需求，但作为初级阶段的新兴产业，发展潜质与市场是极为广阔的。

近年来，我国的粮食增产呈递减趋势，粮食进口呈递增趋势。同时，随着经济的发展，人民生活水平的提升和对生活质量的高要求，对粮食的需求减少，但是对肉、蛋、奶等产品的消费急剧增加。根据相关的数据统计，我国人口粮食的消费量从1978—2009年的225kg下降到139kg，粮食消费下降的同时，肉、蛋、奶的消费急剧上升，饲草的需求用量也快速上涨。另外，随着近年来我国市场经济的快速发展，耕地面积的减少，以及环境和气候问题等的影响，我国的粮食产量缺口不断扩大，进一步冲击着我国的粮食安全。而饲草产业的发展是解决这一问题的有效措施。

虽然目前我国的饲草产业规模较小，但是从粮食的消费结构来看，畜牧业饲草的需求是刚性增量的主要来源。一直以来，饲草是阻碍我国畜牧业发展的重要因素之一，而进口的粮食也用于饲料的加工。因此，大力发展饲草产业，解决畜牧业的饲料问题，进而能在很大程度上缓解我国的粮食安全压力问题。目前，在我国畜牧业养殖中，商品草料的供需缺口较大，根据我国畜牧业的养殖量和饲草的产量来看，我国畜牧业的饲草喂养比例是低于行业标准的。这一现象说明，目前我国的畜牧业饲草喂养有着巨大的发展空间。而畜牧养殖比例、养殖水平以及养殖规模等的提升都是决定饲草供需空间的主要因素。因此，饲草产业的发展是缓解我国粮食安全压力的有效措施。

三、保证食品安全

截至2014年，我国人工草地面积约为1 600万hm^2，仅占全国天然草地面积的4%左右，种植的牧草主要有苜蓿、沙打旺、老芒麦、披碱草、草木樨、羊草、黑麦草、象草、无芒雀麦、白三叶、红三叶等。在粮草轮作中种植的饲草作物有玉米、高粱、燕麦、大麦、蚕豆及饲用甜菜等。由于人工草地的牧草品质较好，产草量比天然草地高 3~5 倍或更高，因而在保障家畜饲草供给和畜牧业生产稳定发展中起着重要作用。近年来，随着人民收入水平的提高，对乳畜产品的需求量不断增长，传统的“秸秆 + 精料”的粗放型饲喂模式已难以为继，而频发的畜产品质量安全事件更为草食畜牧业的传统饲养方式敲响了警钟。养殖业者已经认识到牧草对于草食畜牧业可持续发展的重要性。尤其国内发生“三聚氰胺”事件以来，许多大型养殖企业，特别是奶牛养殖场开始注重用苜蓿饲喂奶牛，以提高奶产品产量和质量，从而拉动了苜蓿等主要草产品价格的快速回升，使我国人工栽培草地种植面积逐渐扩大，牧草产业逐步趋向回升的势头。伴随着人工草场的发展，我国的生态环境得到了改善，日益丰富的饲草资源也为农牧区畜牧业发展提供了充足的饲料资源，为畜牧业发展方式指明了方向。

第三章 燕麦及燕麦产品

第一节 燕麦的分类及主要栽培种

燕麦属于禾本科燕麦族燕麦属（Avena）草本植物，既是主要的粮食作物，又是很好的饲料饲草作物，同时也是一种功能性保健食品的生产原料。在我国有2 500~3 000年的种植历史，是一种古老的农作物。

燕麦属内目前发现的有25个种，分为皮燕麦类与裸燕麦类两个类型，皮燕麦有23个种，裸燕麦有2个种；根据染色体数目又可分为三个类群，三个群分别是：二倍体类群，四倍体类群和六倍体类群；二倍体类群有11个种；四倍体类群有7个种；六倍体类群有7个种。25个种划分类群详见表3–1。

表3–1 25个燕麦种的类群划分

倍型	二倍体 n=7		四倍体 n=14		六倍体 n=21	
名称	中文名	拉丁名	中文名	拉丁名	中文名	拉丁名
皮燕麦	短燕麦	*A.brevis*	细燕麦	*A.barbata*	野红燕麦	*A.sterilis*
	沙漠燕麦	*A.wiestii*	阿比西尼亚燕麦	*A.abyssinica*	普通栽培燕麦	*A.sativa*
	砂燕麦	*A.strigosa*	威士野燕麦	*A.wiestii*	地中海燕麦	*A.byzantina*
	不完全燕麦	*A.cluda*	瓦维洛夫燕麦	*A.vaviloviana*	普通野燕麦	*A.fatua*
	长毛燕麦	*A.pilosa*	大燕麦	*A.magna*	东方燕麦	*A.orientalis*
	长颖燕麦	*A.longiglumis*	墨菲燕麦	*A.murphy*	南野燕麦	*A.ludoyiciana*
	偏肥燕麦	*A.ventricosa*	大西洋燕麦	*A.atlantiea*	–	–
	加拿大燕麦	*A.canariensis*	–	–	–	–
	大马士革燕麦	*A.damascena*	–	–	–	–
	匍匐燕麦	*A.prostrata*	–	–	–	–
裸燕麦	小粒裸燕麦	*A.nudibreri*	–	–	大粒裸燕麦	*A.nuda*

已发现的虽然有25个种，但通过人工驯化，在生产上大面积种植的只有2~3

个种，主要的是皮燕麦中的普通栽培燕麦（*A.sativa*）和裸燕麦中的大粒裸燕麦（*A.nuda*），其次还有东方燕麦（*A.orientalis*），地中海燕麦（*A.byzantina*）也有一些种植。

一、普通栽培燕麦

普通栽培燕麦（*A.sativa*）被习惯称为燕麦或皮燕麦，属六倍体种群，有 42 条染色体，是世界上种植面积最大，分布最广的燕麦种，可占世界燕麦种植面积的 80% 以上。普通栽培燕麦原产地为中央亚细亚，其后传至小亚细亚及我国而入欧洲大陆。

二、大粒裸燕麦

大粒裸燕麦（*A.nuda*）被习惯称为裸燕麦，由于起源于我国，所以在我国被称之为莜麦，属裸燕麦类，六倍体种群，有 42 条染色体，是我国燕麦的主栽种和传统作物，在欧、美、澳一些国家和地区也有零星种植。

第二节　燕麦的植物学特征

燕麦为禾本科一年生草本植物。外部形态可分为根、茎、叶、穗、花、果实 6 部分。

一、根

燕麦属须根系作物。有初生根（种子根）和次生根（永久根）两种根。初生根是种子萌发时生出的根，一般有 3~5 条，见彩图 3-1。初生根集中分布在土壤 10cm 以内，主要作用是，在次生根未长出前，从土壤中吸收水分和营养，供幼苗的生长发育。

次生根着生于地下分蘖节上，一般是一个分蘖可长出 2~3 条次生根，因此有分蘖多的品种和分蘖多的植株根量大，抗旱抗倒能力强的说法。次生根集中生长在地下 30cm 以内，最长的可达 2m。次生根上着生许多须根，连同次生根形成强大的根系。见彩图 3-2。燕麦根系的空间分布表明，0~30cm 土层根系占较大比重，为 58.58%~62.78%；随燕麦生育期的推移，0~30cm 土层的根系衰减较快，而 30~90cm 土层的根系则有增加。由此可见，增加土层厚度与深层施肥补水等措施，对发挥后期根系功能有重要作用。根系发达的品种抗旱、抗倒伏能力强。次生根伴随燕麦植株的一生，是为植株提供水分和营养的主要器官。

无论是早熟品种还是晚熟品种，燕麦根系的生育规律基本相同，根系干重于抽穗开花期达到最大值，早熟品种一般较晚熟品种略早几天达到最大值；于灌浆期降至最低值，之后根重表现回升性增长。燕麦根系在不同水分胁迫下根长随生育时期的推进，均为先升后降的变化趋势，在开花期达到最大值。其中，轻度水分胁迫条件可促进燕麦根长伸长。水分胁迫下，根鲜、干重和根体积随生育时期的推进，也为先升后降的变化趋势，开花期达到最大值。根鲜重、干重和根体积在孕穗期和开花期受水分胁迫的影响达到极显著；水分胁迫对燕麦根冠比的影响程度在拔节期最大。燕麦根系的全氮含量随生育期推移呈下降趋势，大致分为两个阶段：从拔节期到抽穗开花期快速下降期和抽穗开花期至成熟期的缓慢下降期。

二、茎

燕麦的茎为圆筒状，光滑而无毛，由节间将茎分成若干节，见彩图 3-3。

茎分地上茎与地下茎，一般品种地上茎为 4~6 节，个别品种有 3 节，节数多的品种有 8~9 节，甚至更多。节数的多少与品种的生育期有关，生育期小的品种，节数少，生育期大的品种节数多；节数的多少还与光周期的长短有关，即长日照条件下，节数少，短日照条件下节数多。每一个茎的节数长短不同，基部的茎节短，依次向上一节长于一节，穗下茎最长。茎节的长短与品种有关，也与栽培条件水、肥、光照和通风的状况有关，大日期、植株高的品种茎节较长，小日期、植株矮的品种茎节短；水、肥充足，光照时间短，通风透光差的情况下，茎节长，反之则短。茎秆的直径因品种与栽培条件而异，一般在 3~5mm。茎壁的厚度在 0.2~0.4mm，髓腔在 2~4mm。茎秆是植株生长发育的输导器官，负责将由根系吸收的无机营养运送到茎叶部，再将茎叶部通过光合作用制造的部分有机物质运送到根部，供根的生长利用；茎的另一个作用是支撑作用，因此，茎秆的质量与抗倒伏能力有关，一般是茎节壁厚、纤维化程度高、有韧性的品种植株不易折断，抗倒伏能力强，反之则抗倒伏能力差。

三、叶

燕麦的叶为披针型，由叶鞘、叶舌、叶关节和叶片四部分组成，叶面有绒毛和气孔，叶色为绿色，可分为浅绿、绿、深绿三种，见彩图3-4。一般品种的叶数多在5~8片，个别的叶片数可达9~10片，甚至更多。

燕麦叶片数的多少与品种的生育期有关，生育期小的品种叶片数少，生育期大的品种叶片数多；叶片数的多少还与光周期的长短有关，即光照时间长，叶片数少，光照时间短，叶片数多。叶片着生于茎节上，为一节一叶。叶分初生叶、中生叶和旗叶，叶片长度一般在8~30cm，最长的也可达50cm，初生叶短，中生叶长，旗叶短，旗下一叶最长，整株的叶片分布呈纺锤形；叶片的长短、大小与品种有关，也与栽培条件相关，水肥条件好，叶片大，水肥条件差，则叶片小。叶片是制造有机养分的器官，是加工厂，在这个工厂里将无机物加工转化成有机物，再由输导组织运送到植株的各个部位，供植株的生长发育用。叶片是加工厂，但不是越大越好，不是越大产量越高。叶片大了，一是叶片自身的生长需耗掉部分养分；二是叶片大了，会造成田间郁闭，通风透光差，茎叶软，易因发生倒伏而减产，因此，高产田要适当控制叶子的生长，降低叶面积指数。为了提高单产，控制叶子的生长，确定各生育阶段的叶量，以叶面积系数为掌控标准（叶面积系数的计算方法是：叶面积系数=绿叶总面积/占地面积）。以裸燕麦品种“华北二号”为例，各生育阶段的最佳叶面积系数分别为分蘖期1.01，拔节期6.06，孕穗期11.22，灌浆期8.08为好。

四、穗

燕麦的穗为圆锥状或复总状花序，多数品种为周散型，或称伞形，见彩图3-5，少数品种为侧散型，类似于黍子穗，见彩图3-6。燕麦的穗由穗轴、枝梗和小穗（也称铃子）组成。穗轴实际是茎节的变异与延伸，由茎与节组成，节上着生着多个枝梗，形成轮层，一般品种有4~6个轮层，最多的可达9个轮层，甚至更多。穗节间长短因品种而异，有长有短，基部一节长，最顶部一节短。一级枝梗上着生二级枝梗、三级枝梗，枝梗上着生小穗。穗节间短、枝梗短的品种为紧穗型品种，反之为松散型品种。另外，穗节间距与枝梗的长短还和栽培条件有关，有的品种表现非常明显，如“坝莜一号”水肥条件差时，在穗上形成密集的扭曲圪垯，称之为圪垯穗。

燕麦的小穗（俗称铃子）着生在各级枝梗的顶端或枝梗节上，由小穗枝梗、2片护颖、内稃、外稃、小花和芒组成（有的品种无芒），两片护颖托着多个小花。皮燕麦与裸燕麦的小穗有所不同，皮燕麦的小穗枝梗短，一般其内外颖包着的小花长度不会超出护颖的长度，形成燕尾状，故称燕尾铃，见彩图3-7；裸燕麦多为串铃型即小穗枝梗比较长，而且一个比一个长，花朵形成一串，称串铃型，一串有4~6朵花，多的则可达十几朵花，见彩图3-8。

燕麦的穗一般有15~40个小穗，但最多的可达100多个。小穗数的多少与品种有关，也与栽培条件相连，水肥条件充足，种植的密度小，在枝梗与小穗分化期间温度低、光照时间短，形成的小穗多，反之小穗少。

五、花

燕麦的花由一片内稃、一片外稃和三个雄蕊、一个雌蕊组成，见彩图3-9。燕麦的外稃大于内稃，皮燕麦的内、外稃与裸燕麦有所不同，皮燕麦的内、外稃革质化，比较坚硬，成熟后紧紧包着种子（果实），脱粒后仍不与种子分离，故称皮燕麦，紧包着的内外稃也被称之为壳。裸燕麦的内外稃膜质化，比较软，成熟后易与种子分离，脱粒后内外稃破碎，种子呈裸粒状，故称裸燕麦。裸燕麦大部分的内外稃脱粒时都被脱去，但个别的内外稃革质化，包着种子，被称之为带壳子粒。带壳种子的多少用带壳率表示。带壳率与品种有关，亦与栽培条件有关。经观察发现，在燕麦生长期间喷施2-4，D丁酯等除草剂，可增加裸燕麦的带壳率。燕麦有雄蕊3枚，着生于花丝上；雌蕊1枚，为单子房，二裂柱头，呈羽毛状。开花前由内外稃紧紧包着雄蕊与雌蕊，开花后一般花丝将花药推出内外稃。为典型的自花受粉作物，天然杂交率只有0.01%~0.03%。

燕麦的每个小穗结实粒数一般多为2~3粒，有的多达4~6粒，甚至更多。结实粒数的多少与品种和栽培条件有关。结实粒数多的品种籽粒大小不均，差异比较大。

六、果实（种子）

燕麦的果实为颖果类，由果皮、胚和胚乳组成，果实瘦长而有腹沟，籽实表面密生茸毛（当地称莜麦毛子），毛子布满全身，但顶端较多。见彩图3-10。

燕麦的果实着生于小穗上，内稃与外稃中间。皮燕麦收获的种子内外稃紧包着种子，见彩图 3-11。食用时需要通过机械加工脱去皮，裸燕麦收获时内外稃与种子已分离，脱粒后为裸粒形，见彩图 3-12。加工食用不用脱壳。皮燕麦的种子有黑色、褐色、白色、黄色等多种，千粒重一般在 25~30g，最高的可超过 40g，出壳率一般在 25%~35%，脱壳后的种子与裸燕麦种子无差异。裸燕麦种子有多种形状，有圆筒形、卵圆形、纺锤形、椭圆形等，种皮为白色、粉红色、黄色等，千粒重一般在 20g 左右，最高的可达 35g，最小的仅为 13.14g。

第三节　燕麦的生物学特性

一、低温类作物

燕麦喜冷凉，怕高温，属耐寒性较强的低温类作物。一般在 2~4℃时即可发芽；幼苗可忍受 3~4℃的冷害不致冻死；生长期的最适温度是 17~20℃，最高温度为 30℃，超过 35℃时则受害，在 38~40℃时，经 4~5h，气孔萎缩而失去作用。各生育阶段的最适温度见表 3-2，燕麦全生育期需要 10℃以上积温为 1 500~1 900℃。

表 3-2　燕麦各生育期阶段所需温度

生育阶段	出苗—分蘖	拔节—抽穗	抽穗—开花	灌装—成熟
日均气温（℃）	15	70	18	14~15
5cm 地温（℃）	17	25	24	18~19

在北方，燕麦的播种期一般在地温稳定通过 5℃时播种，如果土壤水分适宜，4~5d 就可以发芽，14d 左右出土，地温稳定在 10℃以上时，出苗期可提前 5d 左右。反之，温度低，发芽出土就要延迟。燕麦从出苗后到分蘖期低于适宜的温度时生长缓慢，但利于幼穗分化，所以在不考虑拔节—孕穗期与雨季对口的水浇地上，提前播种，使分蘖到拔节处于相对低温的条件下利于形成大穗。燕麦的开花受精对温度较为敏感，当抽穗开花后日平均气温低于 15℃时，不能开花结实；而干燥炎热的天气会破坏受精过程，也不能受精。

燕麦的灌浆不但要求温度要适宜，而且要求白天温度高，夜间温度低，昼夜温差大，便于干物质积累，促进灌浆，籽粒饱满。

掌握了燕麦生长发育阶段对温度的要求特性后，在生产上就可以采取通过调节播期来满足各个发育阶段对温度的要求，从而获得丰产。

二、长日照作物

燕麦是长日照作物，整个生育期需要750~850个小时的日照。在分蘖至抽穗期间需要长日照条件，在短日照条件下发育慢，因穗分化开始晚发育慢而推迟抽穗，延长生育期，造成茎叶繁茂，植株高大，生物产量高而经济系数小。研究燕麦对光照条件的反应，目的在于采取相应的措施。改善光照条件，提高光合作用效率，使燕麦高产稳产。如苗期及早中耕除草，可以减少杂草与幼苗争光、争水肥的矛盾；合理密植则能使个体和群体都能得到良好发育，充分利用地力和光能；在有灌溉条件的地块，可提早播种，延长生育期，增加光照时数，穗分化延长，形成大穗，提高单位面积产量；在高肥水地块，应采取控制植株的营养生长，减少因茎叶过多，形成的田间郁蔽，防止因光线不足，茎秆较弱而造成的倒伏减产。

燕麦的开花灌浆期需要的是强光照。也就是需要晴朗的天气，方能很好地灌浆授粉，农谚“晒出籽来，淋出秕来”就在于此。因此，通过采取相应的农艺措施，选择适宜的播种期，使开花、灌浆期躲过梅雨季节，是提高裸燕麦单位面积产量和品质的一项措施。

三、需水特性

燕麦是需水较多的作物。种子萌发需水量达到本身重的65%时方能发芽，而小麦是55%，大麦是50%，在整个生育过程中耗水量也大于小麦、大麦。据美国的布列奇和姜师1912—1914年测定燕麦的蒸腾系数（即植物每形成1g干物质的耗水克数）为597、小麦为513，大麦为534。但也是抗旱性较强的作物，在相对缺水的情况下，抗旱性高于小麦，因此是北方干旱区的主要作物之一。

燕麦一生中不同的生育阶段，对水分的要求不同。据报道，燕麦苗期耗水量占全生育期的9%，分蘖至抽穗期耗水量占70%，灌浆期至成熟期占20%。燕麦从拔节期开始，需水量迅速增加，拔节－抽穗期是燕麦需水的关键期，抽穗前12~15d是燕麦需水“临界期”，此时干旱将会导致大幅度减产，群众所说燕麦“最怕卡脖旱”的道理就在于此。燕麦进入开花、灌浆期，与前一个阶段相比，需水量相对减小，但营养物质的合成、输送和籽粒的形成仍需要一定的水分，才能保证籽实的灌浆饱满。

了解燕麦的需水规律后，可以因地制宜地采取相应的农艺措施来提高水分利用率，进而达到高产的目的。如河北省张家口市坝上地区在20世纪70年代前，群众普遍种植晚熟和生育期大的品种。播种期早（5月10日左右）。种植这些生育期大的品种，主要利用其分蘖期长，有一定的避旱效应，但是这些品种虽然抗旱、避旱力强，但植株高大，茎秆细弱，容易倒状，产量不高，因此进入20世纪70年代后研究推广了种植中熟抗旱耐倒伏的品种，播种期推迟到5月中旬，使其需水关键期与该区降雨高峰对口，燕麦的单产得到大幅度提高。近年来，张家口市农业科学院又提出了在华北主要燕麦区采取免秋耕晚播（6月中旬播种）的种植技术，可使燕麦生长阶段完全与雨季对口，提高产量15%~20%。

河北省张家口市农业科学院1984—1986年对裸燕麦采取的干旱胁迫试验证明，裸燕麦在孕穗前抗旱力强，在干旱胁迫下，籽实损失率为31.9%；孕穗后抗旱力弱，在干旱胁迫下，籽实损失率为51.8%，后期比前期籽实损失率增加20%。见表3-3。

表3-3　不同生育期干旱对单株籽实产量的影响

品种名称	孕穗前期			孕穗后期			后期比前期减产（%）
	干旱处理籽实产量（g）	CK（g）	籽实损失率（%）	干旱处理籽实产量（g）	CK（g）	籽实损失率（%）	
小465	0.39	0.457	0.47	0.29	0.457	36.5	25.9
578	0.57	1.17	51.3	0.37	1.17	68.4	35.1
三分三	0.59	0.83	29	0.41	0.83	50.6	30.1
平均	0.517	0.819	31.9	0.357	0.819	51.8	30.3

经试验和实践证明，裸燕麦品种间抗旱力的强弱差异很大。1984—1986年河北省张家口市农业科学院选择了不同类型的8个品种进行干旱胁迫试验，结果在干旱胁迫条件下，其籽实损失率最高的品种为56.7%，最低的只有22.1%，相差34.6%，见表3-4。表明裸燕麦品种间的抗旱性确实差异大，因此在干旱地区种植裸燕麦，选择抗旱性强的品种，也是提高单产的一条途径。经过对全国1 400余份品种资源的研究观察和生产实践，在选择品种上得出的经验是：高水肥型品种应选幼苗直立、叶小上举、株型紧凑、植株较矮、抗倒伏强、生育期为早熟的品种；中肥力的平滩地应选幼苗半匍匐，叶型、株型、株高、生育期属中间类型。生育期为

中熟的品种；低肥力旱坡地应选幼苗匍匐、叶大而下披，株型松散，植株高大，穗大粒多，生育期为晚熟的品种，这类品种不仅抗旱，而且由于前期生育时间长，有避旱的特点。

表 3-4　干旱胁迫下不同的籽实产量损失率

生产分类	水地型			平摊地型			坡梁地型	
品种	小46-5	7 633-37	7 634-10-1	578	华北二号	坝选三号	三分三	李家场
干旱处理（g）	0.272	0.457	0.448	0.507	0.538	0.505	0.49	0.803
适宜水分（g）	0.457	0.941	0.926	1.17	0.781	0.648	0.83	1.355
籽实产量损失（%）	40.5	51.4	51.6	56.7	31.1	22.1	41.0	40.7

四、对土壤要求

燕麦对土壤的要求不严，适宜在多种土壤上种植，如南方的红黏土、北方的草甸土等，但以富含腐殖质的土壤为好。坡梁地、阴滩地都可种植，但以阴滩沙壤土产量较高。

五、需肥特性

燕麦是喜肥作物，对氮、磷、钾三大要素的要求比为 2∶1∶1.5。据内蒙古农科院研究，每 666.7m^2 产 50kg 裸燕麦籽粒要从土壤中吸收氮素 1.8~2.0kg，五氧化二磷 0.8~0.9kg，钾 1.1~1.2kg；又据报道每 666.7m^2 产 50~75kg 需吸收氮素 2.0~2.5kg，五氧化二磷 1.0~1.25kg，氮、磷比值为 2∶1，因此可将裸燕麦需要氮、磷、钾三要素的比值定为 2∶1∶1.5 较为合适。

氮素是构成植物体蛋白质和叶绿素的主要元素，氮素缺乏，造成植株生长发育不良，茎叶发黄，光合作用的功能降低，营养物质的制造和积累减少，产量下降。氮素过多，则容易造成茎叶徒长，形成田间郁蔽，茎秆较弱，发生倒伏，造成减产。

前期施磷可以促进根的分蘖，形成壮苗；后期能使籽粒饱满，促进早熟。缺磷幼苗细弱，生长缓慢。另一方面磷还可以促进燕麦对氮素的吸收利用，通常所说的以磷促氮就在于此，氮、磷配合，比单独施氮，单施磷增产效果明显。据河北省张家口市农业科学院试验，氮、磷配合，比同等量的氮和同等量的磷增产 5.5%~ 15.7%。

钾素对调节植物气孔开闭和维持细胞膨压有专一的功能。钾能促使茎秆健壮，增强植株抗倒伏能力。裸燕麦缺钾植株矮小，底叶发黄，茎秆软弱，抗病、抗倒力差。由于北方草甸土土壤中含钾量较高，而且通过施用农家肥，如草木灰，牲畜粪肥补充一定的钾肥，故我国北方种燕麦很少施钾肥。但是随着生产的发展，单产水平的不断提高，也应注意增施钾肥，以达到在新的水平上的氮、磷、钾的平衡。

第四节　燕麦的生长与发育

一、生育期

燕麦生育期（从出苗到成熟所经历的时间）的长短，因品种和生态环境条件不同而差别很大。同一品种在我国南方秋播春收地区裸燕麦的生育期可达 140~180d，北方春播夏收地区裸燕麦的生育期为 80~120d，北部夏播秋收地区裸燕麦生育期为 70~100d。品种间的生育期差异也很大，在同一生态环境条件下种植，不同品种间生育期最长和最短的品种相差 30~40d。

二、燕麦的生育阶段

燕麦的整个生育过程从播种到成熟可分为发芽、出苗、分蘖、拔节、孕穗、抽穗、开花、灌浆和成熟几个生育时期。从个体发育和产量因素的形成过程来看，又可以分为三个生育阶段，即营养生长阶段、营养与生殖生长并重阶段和生殖发育生长阶段，前期以根、茎、叶、蘖等营养器官生长为主；中期为茎叶与穗子、籽实并重；后期以穗、粒等生殖器官生长为主。前期的营养生长植株的物质代谢和营养物质的积累均与后期生殖器官的发育有着密切的关系。因此，在栽培技术上调节控制前期和后期的平衡，使之向有利于高产形成的方向转化，是夺取高产的关键。生长发育阶段与物候期相关，其对应图见图 3–1。

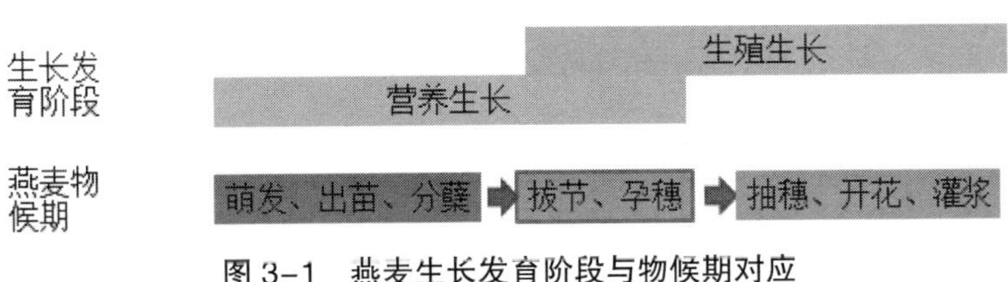

图 3–1　燕麦生长发育阶段与物候期对应

（1）发芽与出苗。播种后的种子，在适宜的条件下，开始吸水膨胀，当种子中水分达到种子本身风干重的60%~65%时，膨胀的种子体积不再增大，膨胀过程结束。在种子膨胀过程中各种酶的活动随之加强。在酶的作用下，贮存在胚乳中的各种营养物质转化为可溶性易被根吸收利用的营养物质，从胚乳中流入胚，供胚萌动用。

裸燕麦种子发芽时，胚鞘首先萌动突破种皮，随之胚根萌动生长，突破根鞘，生出三条初生根。这些幼根上有很多细的根毛，具有吸收水分养分的作用。随着根鞘的萌动，叶芽鞘也破皮而出，长出胚芽。一般将胚根长度和种子长度相等或胚芽长度相当种子长度1/2时，作为种子完全萌发的标志。

燕麦的芽鞘具有保护第一真叶出土的作用，其长度和播种深度关系密切，播种越深，芽鞘生长越长，幼苗也就越弱。胚芽鞘露出地面即停止伸长，不久从中生长出第一片真叶。当第一片真叶露出地面2~3cm时即为出苗。全田有50%以上的幼苗达此标准为出苗期。燕麦的发芽、出苗除与温度、水分、土壤质地、通透性有关系外，其种子本身的质量极为重要。饱满成熟度好的种子，内含充足的养分，扎根快，叶片大，容易形成壮苗。种子有一定的休眠期，休眠期与品种有关，有长有短，少则3~5d，多则几个月。在北方头年收获的种子，经一个冬春的贮藏，多数可打破休眠期，其中打破了休眠期的种子，出苗快而整齐，打不破休眠期，易形成出苗率低、出苗不整齐，缺苗断垄。一般是野生种休眠期长，如四倍体大燕麦休眠期在3~6个月。

（2）分蘖与扎根。燕麦出苗后，经10~15d的时间相继长出2~3片叶时，开始分蘖。首先在第一片叶的腋部位开始伸出第一分蘖，同时长出次生根（永久根）。全田有50%的植株第一分蘖伸出时为分蘖期。分蘖和次生根都是从接近地表的分蘖节上伸出来。分蘖结，实际包含着几个密集极短的节间和腋芽，由这些腋芽发育成分蘖，由分蘖节上长出次生根，分蘖节不仅是着生分蘖和次生根的重要器官，而且因其贮藏了极为丰富的糖分，能够提高裸燕麦对低温的抵抗能力。分蘖节的深浅对次生根深浅影响甚大，一般分蘖节浅，次生根分布浅。

燕麦的分蘖是在分蘖节上由下而上依次发生的。生长在主茎的分蘖，如果环境条件好在第一次分蘖上还可生长出第二次分蘖，在第二次分蘖上生长出第三次分蘖，以至第四、第五次分蘖，甚至更多。一般第一次分蘖能够抽穗结实，称为有效分蘖，环境条件好的第二次、第三次分蘖也能够抽穗，不能够抽穗结实的为无效分蘖。

影响燕麦分蘖的因素很多。如种植密度、播种时间、土壤肥力、施肥状况、水分供应、温度光照和品种特性等都直接影响分蘖。即水分供应充足的比缺失水分的分蘖多；稀植的比种植密度大的分蘖多；肥沃的土壤比瘠薄的土壤分蘖多；施肥多的比施肥少的分蘖多；苗期低温、短日照条件下，比高温、长日照条件下分蘖多，燕麦在海南省种植分蘖数增加，见彩图 3-14。

燕麦的分蘖与次生根的多少密切相关，通常每生成一个分蘖就相应生成三条次生根。据有关资料报道，燕麦根的主要部分一般分布在 30cm 的土层中，最深的可达 2m。

（3）拔节和孕穗。燕麦在分蘖时期，茎穗原始体就开始分化，当植株生长到 5-8 片叶时（品种不同而叶数不同），茎间第一节开始伸长，称拔节期，一般燕麦的拔节为茎部第一节高出地面 1.5cm 为标准，当全田有 50% 以上的植株达到此标准时为拔节期。

拔节期是燕麦营养生长和生殖生长并重期，营养生长旺盛，生殖器官分化快速。此时关系到分蘖能否抽穗和穗部性状的发育。对于穗数、铃数、穗粒数和产量影响极大。

燕麦茎中空有节，每一节着生一张叶片，叶片数目和节数的多少，品种间差别很大，一般有 6~14 节，处于地下部的节间不伸长，地上部的节间只有 4~6 节；叶片以旗下 3、4 叶最长，旗叶和地上 1~2 叶最短，燕麦顶部 1~3 片叶称为功能叶，是灌浆过程中进行光合作用制造有机养分的主要器官。因此，加强后期管理，延长功能叶片的寿命是保证灌浆，达到籽粒饱满，提高产量之目的。

燕麦每一节间的伸长，是依靠每一节基部的居间分生组织而生长的，首先是第一个节间开始伸长，而后依次向上。节间的长度也依次递增，拔节期是决定植株高度的时期，因此要根据品种、土壤肥力状况，因地制宜地进行管理。植株高的品种，土壤肥力高的地块，容易发生倒伏，要适当地控制肥水，土壤肥力低的地块，要进行追肥浇水，采取措施，提高成穗率。

当燕麦最后一个节间伸长，旗叶露出叶鞘时称孕穗。全田有 50% 以上的植株达到此标准为孕穗期。孕穗期标志着燕麦进入以生殖生长为主的阶段。

（4）抽穗与开花期。孕穗期过后，7d 左右燕麦的幼穗从叶鞘开始抽出 3~5 个小穗，称抽穗，当全田有 50% 以上的植株达此标准时为抽穗期。当燕麦顶部小穗抽出 5~7 个时，经 2~4d 开始开花，称开花期。由于燕麦开花是从顶部向基部发展，而且边抽边开，界线不明显，相隔时间短，所以通常将燕麦抽穗开花期作一个时期，称抽穗开花期。

燕麦的开花顺序，从整个穗看，上部小穗先开，依次向下；一个枝梗，顶部铃先开，由外向内；一个小穗由基部先开，由基部向上。每天开花一次，即14：00~18：00花朵开放，16：00左右开花盛期。每朵小花自舒张开至闭合历时90~135min，从花舒张开到花丝伸出需要10~20min。影响开花散粉和正常受精的主要因素是温度、湿度和光照。需要的是适宜的温度、较大的湿度和强光照。

燕麦开花时雌雄蕊同时成熟。授粉是在花颖开始开放时或开放前开始的，所以天然杂交率极低。仅为万分之一，属自花授粉作物。

（5）灌浆与成熟期。授粉以后，子房逐渐开始膨大，积累营养物质，进入灌浆期。燕麦穗的结实——灌浆——成熟顺序同开花，即“自上而下、由外向内、由基部向顶部”。燕麦这种成熟过程的特点，不仅使全穗的成熟颇不一致，而且种子内因有机养分的输送规律而产生的养分分布不均匀，致使籽粒大小不匀，差别较大。

第五节　燕麦的试验调查记载标准

一、物候期调查记载标准（以月、日表示）

（1）播种期。实际播种的日期。

（2）出苗期。田间50%的第一片叶露出地面为出苗期。

（3）分蘖期。田间50%的植株第一个分蘖伸出为分蘖期，一般在2叶1心至3叶1心期。

（4）拔节期。地上一节的节间开始伸长，在1.5cm以上时为拔节，全田50%的植株达到此标准为拔节期。

（5）孕穗期。植株的最后一片叶（即旗叶）伸出时为孕穗期，全田50%以上达到此标准为孕穗期。

（6）抽穗开花期。燕麦是无限花序，随抽穗随开花，一般抽穗后2~3d内开花。抽穗的标准是有2~3个小穗露出旗叶为抽穗，全田有50%的达到此标准为抽穗期。一般一株的抽穗开花在一周之内完成。

（7）灌浆期。完成授粉后，子房膨大，积累营养，进入灌浆期。

（8）成熟期。穗子由绿变黄，籽粒由软变硬，进入腊熟后期，籽粒达到品种固有的大小为成熟期。

（9）收获期。实际收获的日期。一般在记载成熟期后的3~5d内为最佳收获期。

（10）生育期。出苗至成熟的时间，以d表示。

二、群体动态调查记载

田间群体动态主要调查亩苗数、亩茎数和亩穗数。

采取定点调查的方法。一般可根据田块的大小，苗子的均匀程度，选取3~5个有代表性的点调查，每个点调查1m^2，然后折算成亩苗数或公顷苗数，以万为单位，即万株\亩或万株\公顷。

三、经济性状调查记载

（1）株高。株高的测量方法有两种，一种是收获前在田间测量；一种是收获前拔取定点取样内的考种样本，到室内考种时测量。不管那种测量法，都是植株从地上部到穗子顶部，即地表面到顶部小穗一节枝梗处的高度，以cm表示。

（2）穗长。选取代表性强的10个穗或20个穗为考种样本，量其穗基部第一个轮层到顶部小穗一节枝梗处的长度，取其平均数，以cm表示。

（3）小穗数。即穗铃数。考取穗长后数取考种样本每个穗的小穗数，取其平均数，以个表示。

（4）穗粒数。将10个或20个穗的考种样本，脱粒后数取粒数，取其平均数，为穗粒数，以个表示。

（5）穗粒重。脱粒考取穗粒数后，用1/10感量的天平称取样本重量，取其平均数，以克表示。

（6）小穗粒数。用考取的穗粒数 ÷ 小穗数，即得小穗粒数，以粒表示。

（7）千粒重。取脱粒风干后的种子，数取2个500粒，分别称重，两个样本的重量相差不超过0.5g时，取其平均数乘2为千粒重，以g表示。

第六节　燕麦的生产前景与产品

一、开发前景

如前所述，燕麦籽粒的营养价值高，主要成分蛋白质、赖氨酸、脂肪（不饱和脂肪酸）、亚油酸和膳食纤维均居九粮之首；营养全面，富含多种维生素、矿物质和其他谷物不具有的皂素，正如美国著名谷物学家 Robert. w. welch 在 1985 年第二届国际燕麦会议上所讲："与其他谷物相比，燕麦具有独一无二的特色，既具有抗血脂成分，又拥有高水溶性胶体和营养平衡的蛋白质，她对提高人类健康水平有着异常重要的价值。"因此，燕麦的开发备受全球营养学家、农学家、化学家和食品加工专家的关注。燕麦食品成为全球消费者首选的功能性保健食品，许多食品加工厂把燕麦作为首选项目，因此，传统产品得到发扬光大，新型产品层出不穷。燕麦食品加工蒸蒸日上，发展迅速。我国燕麦近 10 年的发展速度非常之快，已经由一个不知名的高寒边远地区的小作物，发展成为一个全国消费者都知晓的功能保健性大作物；已经由产区人自产自销的小食粮，成为全国性功能保健食品之首；已经从农家走进宾馆、饭店；从产区走遍全国，迈出国门，加工销售量每年都以 20%~30% 的速度递增。

另外，燕麦籽实含有丰富的氨基酸，其含量均高于小麦和水稻，是非常好的精饲料。燕麦青刈茎秆柔软，叶量丰富，适口性很好，各种家畜喜食，尤其是大牲畜喜食，干物质消化率可达 75% 以上，充分说明禾本科干草虽然 NDF 高，但 ADF 相对较低，可消化 NDF 含量高。燕麦在抽穗期刈割，营养成分很好，完全属于优质干草，粗蛋白质可以达到 14.7%，粗纤维仅为 27.4%，产奶性能也较高，是我国最有希望实现产业化生产的优质禾本科干草。但是，如同其他一年生禾本科牧草一样，结实期后刈割，草的品质明显下降，基本属于秸秆的水平，与其他秸秆类粗饲料相比非常相似。燕麦单播和与箭舌豌豆混播，最佳刈割期为燕麦蜡熟期，箭舌豌豆在结荚期，此时，单位面积粗蛋白质含量最高，而且中性洗涤纤维和酸性洗涤纤维含量较低。

二、燕麦产品

目前燕麦产品有三大类，即食品类、化妆品类和饲草料类，共有 100 多个品种。食品类根据在我国生产食用的时间又可分为传统食品和新型食品。传统食品中有华北地区的纯莜面食品，有莜面窝窝、莜面鱼儿等 20 多种；莜面与马铃薯合制的传统食品有莜面山药鱼儿（马铃薯当地称山药）、莜面山药烙饼等 20 多种；还有西北的炒燕麦粉、燕麦糅糅；云贵川的烤燕麦粑粑、燕麦仲宗等十几种做法。新型食品有方便食品燕麦片、燕麦方便面、燕麦糊、燕麦锅巴、炒燕麦籽等 10 多种。近年来燕麦糕点食品开发看好，上市的有燕麦面包、燕麦饼干等 10 多种产品；还有燕麦饮料、燕麦调料；保健专用食品有燕麦麸圈，高纤维燕麦素等。详见燕麦产品分类图 3-2。

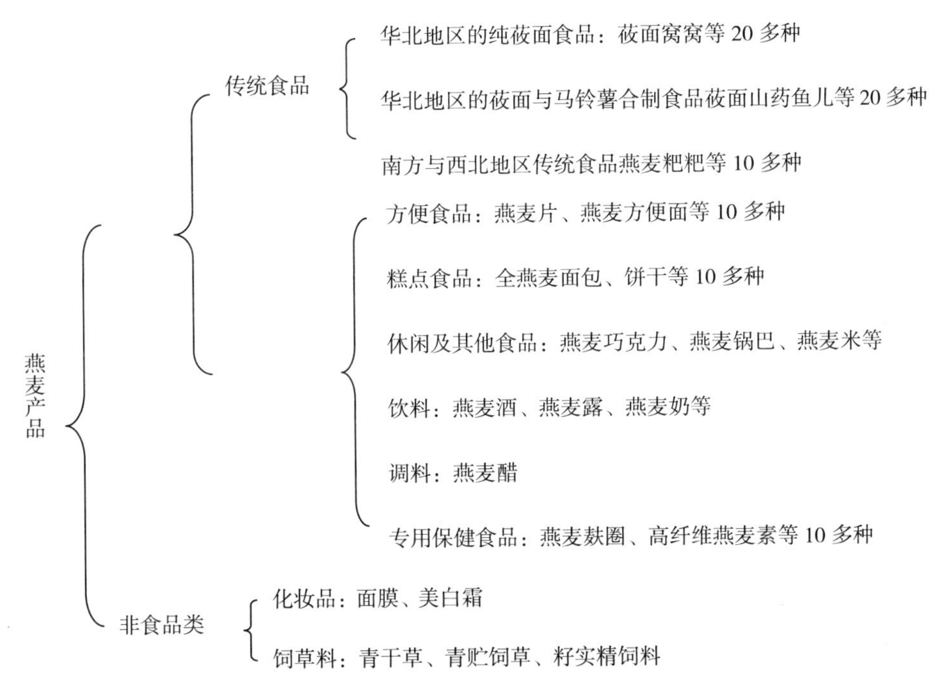

图 3-2　我国燕麦产品分类图

燕麦籽粒作为精饲料历史悠久，多是用于饲喂马匹，马吃多了玉米，体形明显发胖、腹部变大。燕麦则不同，饲喂适量“燕麦籽粒”的马，马的肌肉发达，马腹部不会变大，并且马的力量和耐力均有明显提高，因此，牧区常用玉米等育肥牛羊，燕麦则用于饲喂赛马或骑乘用马。燕麦作为饲草使用除了青刈饲喂外，还有制作青干草和青贮的使用。

第四章　我国燕麦草的种植与生产

第一节　我国燕麦的生产状况

一、我国燕麦的分布状况

在我国目前生产上种植的燕麦有 2 个种，一个是大粒裸燕麦（*A.nuda*），另一个是普通栽培燕麦（*A.sutiva*）。前者起源于我国，在我国有 3000 余年的种植历史，是我国燕麦产区传统的粮食作物和饲料、饲草作物之一，也是加工麦片、开发新型食品的原料。由于裸燕麦起源于我国，所以我国目前仍然是世界上最大的裸燕麦种植国；后者在我国种植较少，主要是作为马匹等牲畜的饲料、饲草，近年来也作为麦片的加工原料。在我国两者的种植比例约为 9∶1。

燕麦是喜冷凉低温类作物，所以主要分布在我国年有效积温（在日平均温度 ≥ 5℃以上）2500℃以内的高纬度、高海拔、高寒地区。在我国种植比较集中有三大块，第一块是位于华北阴山山脉和燕山山脉的冀晋蒙三省区，占全国燕麦种植面积的 70%；第二块是位于西北六盘山、贺兰山麓的陕甘宁青四省区，占全国燕麦种植面积的 20%；第三块主产区是位于西南大小凉山的云贵川三省，其种植面积约为全国种植面积的 5%；其余 5% 种植分布在新疆、西藏、黑龙江、吉林、安徽、湖北等地。

二、燕麦的种植与区划

我国燕麦由于种植区的气候因素、生态条件差异比较大，形成了多种生态类型区，而且对于种植区划没有统一标准，因而形不成统一的意见。有的认为以播种的时间确定生态类型区，有的认为以收获的时间确定生态类型区。著者综合多方意见，根据群众多年形成的习惯叫法，将我国的燕麦种植区划分为三种生态类型区，即：① 秋播春收区——简称春燕麦区；② 春播夏收区——简称夏燕麦区；③ 夏播秋收区——简称秋燕麦区。

1. 春燕麦区，即秋播后于翌年春天收获的生态类型区

主要是指我国南方燕麦产区，以云贵川的大小凉山地区为代表，也包括安徽、湖北等南方诸省区。春燕麦区一般位于北纬 30° 以内，海拔在 2 000~3 500m，年平均气温 4~10.5℃，耕作方法是 9 月底 10 月上旬种，翌年 4 月底 5 月初收。冬天由于温度低，日照时间短，燕麦虽然不死但是已停止生长，或者生长发育缓慢，而不像冬小麦茎叶干枯，因此同一品种的生育期在北方为 90d，而南方可能达到 180d 以上。这类地区同样属于高寒边远地区，经济不发达，环境无污染，采用的是传统耕作方式，符合有机燕麦基地建设的基本要求。

2. 夏燕麦区，即春播夏收区

主要指北方海拔低于 1 100m 的燕麦种植区，主要有内蒙古的土默川，山西的大同和忻州盆地，河北坝下的部分地区，以及新型燕麦产区，如吉林白城地区等。这一生态区的特点是海拔较低，年平均积温在 5~8℃，无霜期在 120~130d，气温较高，降雨较多。一般是 3 月底 4 月初播种，7 月底 8 月初收获，在高温雨季，多数年份品质不太好。近年来除吉林白城外，种植面积有较大幅度的下降。

3. 秋燕麦区，即夏播秋收区

位于我国北方，北纬 40° 以上，海拔大于 1 100m 以上的地区，主要指华北阴山北部的河北坝上，山西的左云、右玉，内蒙古呼和浩特市的后山，集宁市的大部、锡林郭勒盟的太仆寺旗等，以及西北大部地区，该地区年平均温度在 2~4℃，无霜期 100d 以下，年降水量在 350~400mm，属于我国北方的农牧交错带，或称农牧镶嵌区，地多人少，农牧结合，经济欠发达，环境无污染，基本上采用的还是传统的耕作方式，是我国最大的燕麦生态类型区。一般是 5 月中下旬播种，9 月上中旬收获，可采用超早熟品种在 6 月上中旬播的免秋耕晚播蓄沙固土耕作新技术，该地区燕麦种植生长在夏季高温多雨季节，成熟收获在相对温度较低，降雨较少，昼夜温差较大的秋季，所以燕麦颗粒饱满，色泽好，是我国燕麦产品加工用原料的最好产地，也是采取有机种植的首选地区。

三、燕麦的种植面积与籽实单产

世界范围内皮燕麦占燕麦总播种面积的 90% 左右，且大部分用来生产饲料饲草，少数食用；以食用为主的裸燕麦占 10% 左右，主要分布于我国的华北、西北、西南以及东北地区。燕麦在我国不同历史时期的总面积差异很大，20 世纪 60~70

年代种植面积最大，全国总面积达到 120 万 ~130 万 hm^2。一般年份稳定在 100 万 hm^2，进入 20 世纪 90 年代燕麦被高产、经济价值高的作物所取代，同时在“一退双还”的政策下，燕麦的种植面积下降幅度较大，近年来随着燕麦的保健功能被逐步认识，社会需求量的增加，种植面积有所回升。据国家燕麦荞麦产业技术体系调查资料表明，我国燕麦栽培品种以裸燕麦为主，播种面积 70 万 ~100 万 hm^2，近年来呈上升趋势。其中燕麦牧草年播种面积 10 万 hm^2 左右，年产量约 40 万 t，主要分布在青海、甘肃、宁夏等西北高海拔牧区；另外，华北地区的河北、山西、内蒙古每年有 30 万 ~50 万 t 燕麦秸秆草产能；西南地区的西藏、云南、贵州、四川也有少量燕麦饲草种植。

由于燕麦在我国主要种植在干旱半干旱地区，年降水量只有 300~400mm，而且没有灌溉，靠天然降水，所以单产比较低，20 世纪 70 年代前，种植老的农家品种，最高单产只有 750kg/hm^2。经过几次品种更新换代，目前生产上用的品种在一般风调雨顺年份，旱地也可达到 3 750kg/hm^2；在有水灌溉的条件下，可达到 5 958kg/hm^2。

第二节 燕麦草种子生产的主要栽培技术标准

燕麦草种子的生产，完全可以根据燕麦籽实的生产技术进行。我国的燕麦栽培技术研究始于 20 世纪 70 年代初，在墨西哥水地春小麦的推动下，开展了燕麦水地高产栽培技术的研究，大约经历 10 多年的时间，提出一套水地高产栽培技术理论和方法，创造了单产 5 958kg/hm^2 的大面积高产田，由河北省张家口市农业科学院杨才等人制定了《莜麦亩产 250kg 田规范化栽培技术》；从 20 世纪 80 年代开始了裸燕麦的旱地栽培技术研究，利用 10 年的时间，提出了旱地栽培技术理论，由原河北省张家口市农业科学院杨才等人制定了《旱地亩产 100kg 的栽培技术规程》。进入 21 世纪初，开展了有机、无公害种植技术的研究。河北省张家口市农业科学院与上海欧德麦食品公司等单位在河北省坝上创建了 100 万亩有机燕麦种植基地，并由杨才等人制定了《裸燕麦（莜麦）的有机栽培技术规程》《裸燕麦无公害栽培技术标准》等。现收录如下，供参考执行。

一、裸燕麦（莜麦）的有机栽培技术规程

1. 范围

本技术标准规定了裸燕麦（莜麦）生产栽培的有机农艺技术标准。

本标准适用于张家口地区。

2. 规范性引用文献

下列文件中的条款通过技术规范的引用而成为本标准的条款。所有引用标准的最新版本或替代版本均适用于本技术标准。

GB 4404-1996《农作物种子标准（一）》

GB 5084《农田灌溉水质标准》

3. 名词术语

3.1　裸燕麦（*A.nuda*）

栽培燕麦有裸燕麦、皮燕麦之分。籽实有颖壳的为皮燕麦，籽实无颖壳的为裸燕麦，又称莜麦。

3.2　有机农业（*Organic farming*）

以遵循自然规律和生态学为原理，以保护生态环境和人类健康，保持农业生产可持续发展为核心；以生产无污染、无公害、纯天然、对人类安全、健康的食品为目的；以不使用人工合成的化学农药、化学肥料、植物生长调节剂、畜禽饲料添加剂等化学合成物质以及转基因工程为手段的一种生态农业体系。

3.3　传统农业（*Traditional farming*）

指沿用长期积累的农业生产经验，主要以人、畜力进行耕作，采用农业、人工措施或传统农药进行农作物病虫草害防治为主要技术特征的农业生产模式。

3.4　转换期（*Conversion period*）

从开始有机管理至获得有机认证之间的时间为转换期。

3.5　缓冲带（*Buffer zone*）

指有机生产地块和其相邻的未实施有机管理的土地（包括传统农业生产田等）之间、用来防止有机地块受到污染的过渡带（隔离带）。

3.6　作物轮作（*Crop rotation*）

在一定的年限内，在同一地块上按照预定设计的次序，轮流种植几种不同的作物。

3.7　基因工程（*Genetic engineering*）

指分子生物学的一系列技术（譬如重组 DNA、细胞融合等）。通过基因工程，植物、动物、微生物、细胞和其他生物单位可发生按特定方式或得到特定结果的改变，而且该方式或结果无法来自自然繁殖或自然重组。

3.8　允许使用（*Allowed for use*）

可以在有机生产过程中使用的物质或方法。

3.9　限制使用（*Restried for use*）

指在无法获得任何允许使用的物质情况下，可以在有机生产过程中有条件地使用某些物质或方法。

3.10　禁止使用（*Prohibited for use*）

禁止在有机生产过程中使用的某些物质或方法。

4 . 选地

4.1　选地：选择生态环境良好、周围无环境污染源、符合有机农业生产条件的地块。首选通过有机认证及有机认证转换期的地块；次之选择经过三年以上（包括三年）休闲后允许复耕地块或经批准的新开荒地块。

选择栗钙土、草甸土。以壤土为好，土壤肥沃、有机质含量高、保肥蓄水能力强、通透性好、pH 值为 6.5~7.5 的地块。

4.2　缓冲带：有机农业生产田与未实施有机管理的土地（包括传统农业生产田）之间必须设不少于宽度 8m 的缓冲带。

5. 轮作倒茬

种植有机裸燕麦必须轮作倒茬，忌连茬，做到不重茬、迎茬，建议采用以下轮作模式：

豆类→裸燕麦→胡麻

牧草（包括玉米）→裸燕麦→胡麻

马铃薯→裸燕麦→春小麦

或者采用其他轮作体系。

6. 整地

6.1　整地标准：土地平坦，上虚下实；田间无大土块和暗坷垃；无较大的残株、残茬；达到播种状态。

6.2　整地方法：采取早秋深耕，机耕畜耕均可，耕深 20~25cm；4 月上中旬顶凌耙耱的方法。

7. 施肥

7.1　肥料种类：使用高温发酵腐熟好的农家粪肥、绿肥、秸秆堆肥等有机肥料。堆制农家粪肥一般要求 C：N =（25~40）：1；堆积的农家粪肥在发酵腐熟过程中，连续 15d 左右保持堆内温度达到 55~70℃；在发酵过程中，翻动 3~5 次。

上述粪肥原则来源于本种植生态圈内。

7.2　施肥数量：结合秋耕地施入高温发酵腐熟好的农家粪肥 22 500~37 500 kg/hm^2 作基肥；或者结合播种以优质农家肥 11 250 kg/hm^2~13 500 kg/hm^2 作种肥。

7.3　禁止使用

7.3.1　禁止使用化学肥料（尿素、二铵、化学复合肥料等任何人工化学合成的肥料）和化学合成的植物生长调节剂等。

7.3.2　禁止使用城市垃圾等一切对环境、对农作物有污染、有害的肥料。

7.3.3　禁止焚烧秸秆。可将作物秸秆“过腹还田”（作为牲畜、家禽的饲草，然后将牲畜、家禽的粪便作为肥料施用到田间）或与其他肥料堆制、发酵、腐熟后施用到农田。

8. 选用品种

8.1　应选用适合本地特点、抗逆性强的优良品种，如“品 5 号”“花早 2 号”“坝莜 1 号”“花中 21 号”“品 16 号”“花晚 6 号”等。

8.2　禁止使用转基因的品种。

9. 种子处理

9.1　种子来源：有机农业生产所使用的农作物种子原则上来源于有机农业体系。有机农业初始阶段，在有足够的证据证明当地没有所需的有机农作物种子时，可以使用未经有机农业生产禁用物质处理的传统农业生产的种子。

9.2　精细选种：剔除病粒、瘪粒、破碎粒。经过风、筛选后的种子符合 GB 4404-1996《农作物种子标准（一）》。

9.3　晾晒种子：播前进行晒种，选择晴朗无风天摊晒 3~4d，厚度 3~5cm，达到杀菌、提高发芽率。

9.4　禁止使用化学物质或有机农业生产中禁用物质处理的种子。

10. 播种

10.1　播种时期：旱坡地一般 5 月 30 日播种，平滩地一般 5 月 20 日播种。如选用早熟品种，播种时期可推迟到 6 月 20 日前。

10.2　播种密度：一般保苗 350 万 ~400 万株 $/hm^2$。

10.3　播种数量：按照需要苗数、发芽率和种子的千粒重计算播种量。一般旱

地公顷播量 113~150kg；二阴滩地和坝头冷凉区公顷播量 188kg 左右。

10.4　播种深度：播种深度为 4~6cm。

10.5　播种要求：要求撒籽均匀，不漏播、不断垅；播种与覆土深浅一致，播后及时镇压。

11. 田间管理

11.1　中耕锄草：二叶一心期进行第一次中耕除草，要求浅锄、细锄，达到灭草不埋苗。四叶到五叶期进行第二次中耕，做到深锄除大草。

11.2　灌溉：开花前若遇到干旱，有条件时进行灌溉。灌溉水应符合 GB 5084《农田灌溉水质标准》。

11.3　禁止使用

11.3.1　全部生产过程中严格禁止使用化学除草剂除草。

11.3.2　禁止使用基因工程产品防除杂草。

12. 病虫害防治

有机农业生产强调发挥生态系统内的自然调节机制，只能使用遗传、生物、微生物、轮作、耕作、物理、天敌等方法防治作物的病虫害。

12.1　防治蚜虫

12.1.1　播期防蚜：适时晚播，躲过 5 月底、6 月初南方迁飞过来的蚜虫发生高峰期，便可以有效地减少裸燕麦的红叶病。

12.1.2　限制使用 5% 鱼藤酮乳油 200 倍液喷雾。

12.1.3　每公顷使用经过有机认证的 0.65% 茴蒿素水剂 3 000mL，对水 900~1 200L 喷雾。

12.1.4　取垂柳鲜叶适量捣烂，对水 3 倍，浸一天或煮半小时，过滤后喷施滤出的汁液。

12.1.5　取新鲜韭菜 1kg，加少量水后捣烂，榨取菜汁液。每千克原汁液对水 6~8kg 喷雾。

12.1.6　取洋葱皮与水按 1∶2 比例浸泡 24h，过滤后取汁稍加水稀释喷洒。

12.2　防治燕麦坚黑穗病

选用抗病品种可以有效地防治燕麦坚黑穗病，或者采用无病留种田的方法防治燕麦坚黑穗病。

12.3　禁止使用

12.3.1　禁止使用化学杀菌剂、化学杀虫剂防治病虫害。

12.3.2　禁止使用基因工程产品防治病虫害。

13. 收获

13.1　收获时期：当裸燕麦麦穗由绿变黄，上中部籽粒变硬，表现出籽粒正常的大小和色泽时进行收获。

13.2　收获方式：采用机械或人工收割的方式进行收获。

二、裸燕麦无公害栽培技术规程

1. 范围

本标准规定了裸燕麦（又称莜麦）无公害栽培的名词术语、选地、轮作倒茬、整地、施肥、选用品种、种子处理、播种、田间管理、病虫害防治和收获。

本标准适用于张家口市裸燕麦无公害栽培。

2. 规范性引用文件

下列文件中的条款通过本标准的引用而成为本标准的条款。凡是注日期的引用文件，其随后所有的修改单（不包括勘误的内容）或修订版均不适用于本标准，然而，鼓励根据本标准达成协议的各方研究是否可使用这些文件的最新版本。凡是不注日期的引用文件，其最新版本适用于本标准。

GB 2715《粮食卫生标准》

GB 3095《环境空气质量标准》

GB 4285《农药安全使用标准》

GB 4404.1《粮食作物种子　禾谷类》

GB 5084《农田灌溉水质标准》

GB 15618《土壤环境质量标准》

GB/T8321.1《农药合理使用准则（一）》

GB/T 8321.2《农药合理使用准则（二）》

GB/T 8321.3《农药合理使用准则（三）》

GB/T 8321.4《农药合理使用准则（四）》

GB/T 8321.5《农药合理使用准则（五）》

NY/T 496《肥料合理使用准则　通则》

3. 名词术语

3.1　无公害裸燕麦生产技术

是指遵循可持续发展的原则，产地环境空气质量、土壤环境质量、农田灌溉水质量符合 GB 3095、GB 15618、GB 5084 规定，按 GB/T 8321.1~8321.5、NY/T 496

要求合理使用农药和肥料，产品中农药、重金属、硝酸盐和亚硝酸盐、有害微生物的残留，符合无公害农产品质量标准，技术环节最大限度地控制化肥用量，严禁使用高毒、高残留农药。

3.2　裸燕麦

本标准所称裸燕麦是指燕麦属（*Avena*）的“大粒裸燕麦”（*A.nuda*）。在我国又称莜麦。

3.3　无公害农产品

无公害农产品是指产地环境、生产过程和产品质量符合国家有关标准和规范的要求，经认证合格获得认证证书并允许使用无公害农产品标志的优质农产品及其加工制品。

3.4　传统农业

指沿用长期积累的农业生产经验，主要以人、畜力进行耕作，采用农业、人工措施或传统农药进行农作物病虫草害防治为主要技术特征的农业生产模式。

3.5　轮作

在一定的年限内，在同一地块上按照预定设计的次序，轮流种植几种不同的作物。

4. 选地

4.1　无公害农产品产地景观环境指标：选择生态环境良好、周围无环境污染源、符合无公害农业生产条件的地块。距离高速公路、国道≥ 900m，地方主干道≥ 500m，医院、生活污染源≥ 2 000m，工矿企业≥ 1 000m。产地环境空气应符合 GB 3095-1996 的规定。产地土壤环境质量应符合 GB 15618 的规定。农田灌溉的水质应符合 GB 5084 的规定。

4.2　选择栗钙土、草甸土。以壤土为好，土壤肥沃、有机质含量高、保肥蓄水能力强、通透性好、pH 值 6.5~7.5 的地块。

5. 轮作倒茬

种植无公害裸燕麦必须轮作倒茬，忌连茬，做到不重茬、迎茬。建议采用以下 3 种轮作模式：

（1）豆类→裸燕麦→胡麻。

（2）牧草（包括玉米）→裸燕麦→胡麻。

（3）马铃薯 →裸燕麦 →春小麦。

6. 整地

6.1　整地标准

土地平坦，上虚下实；田间无大土块和暗坷垃；无较大的残株、残茬；达到播种状态。

6.2　整地方法

采取早秋深耕（机耕、畜耕均可，耕深 20~25cm），4 月上中旬顶凌耙耱的方法。

7. 施肥

7.1　基肥

以农家肥为主，可根据土壤肥力基础和肥料质量确定施肥数量，一般要求施优质农家肥 37 500~52 500kg/hm^2，加过磷酸钙 750~1 500kg/hm^2。

7.2　种肥

一般以 75kg/hm^2 磷酸二铵做种肥，不同 N：P 的土壤施种肥的标准是：在施 225kg/hm^2 硫铵加过磷酸钙做种肥时，土壤速效磷在 0.000 1% 以下时，氮磷配比为 1 : 2；土壤速效磷在 0.000 1%~0.000 2% 时，氮磷配比为 1 : 1；土壤速效磷在 0.000 2% 以上时，氮磷配比为 2 : 1。其他化肥作种肥可根据这一指标计算。

8. 选用品种

8.1　种子来源

无公害农业生产所使用的农作物种子原则上来源于无公害农业体系。

8.2　应选用适合本地特点、抗逆性强的优良品种，如："冀张莜 4 号"（品 5 号）、"花早 2 号"、"坝莜 1 号"、"花中 21 号"、"冀张莜 6 号"（品 16 号）、"花晚 6 号"等。

9. 种子处理

9.1　精细选种

剔除病粒、瘪粒、破碎粒。经过风选、筛选后的种子质量应符合 GB 4404.1 的规定。

9.2　晾晒种子

播前进行晒种，选择晴朗无风天摊晒 3~4d，厚度 3~5cm，达到杀菌、提高发芽率。

10. 播种

10.1　播种时期

旱坡地 5 月下旬播种，平滩地 5 月中旬播种。如选用早熟品种，播种时期可推迟到6月15日前。

10.2 播种密度

一般保苗350万~400万株/hm^2。

10.3 播种数量

按照需要苗数、发芽率和种子的千粒重计算播种量。一般旱地播量113~150kg/hm^2；平滩地播量150~187.5kg/hm^2。二阴滩地和坝头冷凉区播量188kg/hm^2左右。

10.4 播种深度

播种深度为4~6cm。

播种要求：撒籽均匀，不漏播，不断垅，深浅一致，播后及时镇压。

11. 田间管理

11.1 中耕锄草

二叶一心期进行第一次中耕除草，要求浅锄、细锄，达到灭草不埋苗。四叶到五叶期进行第二次中耕，做到深锄拔大草。

11.2 灌溉

开花前若遇到干旱，有条件时进行灌溉。灌溉水应符合GB 5084要求。

12. 病虫害防治

采取预防为主、防治结合的综合防治措施，从农田生态的总体出发，以保护、利用裸燕麦田有益生物为重点，协调运用生物、农业、人工、物理措施，辅之以高效低毒、低残留的化学农药进行病虫害综合防治，以达到最大限度降低农药使用量，避免裸燕麦农药污染。喷施农药必须在无风无雨的天气进行。农药使用应符合GB 4285和GB/T 8321.1、GB/T 8321.2、GB/T 8321.3、GB/T 8321.4、GB/T 8321.5中小麦农药使用的规定。

12.1 防治蚜虫

5月底6月上旬蚜虫大发生时，用800倍液的溴氰菊酯液喷洒，或用50%的辟蚜雾可湿性粉剂2 000~3 000倍液，或吡虫啉可湿性粉剂1 500倍液，药液用量600~750kg/hm^2。

12.2 防治黏虫

当卵孵化率达到80%以上，幼虫每平方米麦田达到15头时，选用Bt乳剂每公顷255~510mL对水750~1 125mL，或以5%的抑太保乳油2 500倍液喷雾。

12.3 防治燕麦坚黑穗病

播前3~5d，用50%甲基托布津或多菌灵以种子重量0.3%的药量拌种。

13. 收获

13.1　收获时期

当裸燕麦麦穗由绿变黄，上中部籽粒变硬，表现出籽粒正常的大小和色泽时进行收获。

13.2　收获方式

采用机械或人工收割的方式进行收获。

13.3　籽实质量

收获的裸燕麦应符合 GB 2715 的要求。

第三节　当前主要种植推广的国产燕麦草品种介绍

一、蒙饲燕 1 号

（1）品种来源。由内蒙古农业大学选育而成。母本是中国农业科学院作物品种资源研究所引自摩洛哥的高蛋白资源四倍体大燕麦（*Avena magna*）“毛拉”（2n=4x=28），父本是大粒、抗旱、耐瘠薄的晚熟裸燕麦品种“品十六号”（*Avena nuda*），由张家口市农业科学院燕麦育种人员进行有性杂交，后经内蒙古农业大学燕麦育种人员进行后代选育而成。

（2）特征特性。蒙饲燕 1 号燕麦为一年生 6 倍体（2n=6x=42）禾本科燕麦属（*Avena L.*）植物，裸燕麦。幼苗半直立，叶片为深绿色，植株蜡质层较厚；植株较高，一般在 120~160cm，平均为 143.7cm；周散穗型松散下垂，穗长 24.8cm，穗铃长 4.3 cm，穗铃数 24 个，穗粒数 56 个，穗粒重 1.44g；籽粒纺锤形，大粒，千粒重 27.7g，最高可达 30g 左右。生育期在 100d 左右，属晚熟品种；抗旱耐瘠薄，耐黄矮病，适宜在一般旱滩地及坡梁地种植。根系强大，抗倒伏。茎叶多汁、柔嫩，草质好；营养价值高，抽穗期晾制干草时粗蛋白质 8.99%。种子发芽率 99.1%，出苗快，抗旱耐盐能力强，抗倒伏，耐瘠薄，在沙土、壤土、沙壤土、黑钙土上均能良好生长，适应性广。

（3）产量表现。蒙饲燕 1 号（*Avena nuda*）生产饲草，也可收获籽实。蒙饲燕 1 号饲用燕麦茎秆柔软、叶量丰富、含糖量高、适口性好、饲草产量高于籽实燕麦，干物质消化率可达 75% 以上，适合饲喂各种家畜。燕麦草植株直立，株高在 120.0~160.0cm；平均分蘖数 3.06 个；鲜草及种子产量高，品比试验鲜草产量达

34 167.58kg/hm^2，干草产量达到 11 750.31kg/hm^2，种子产量 2 675.21kg/hm^2。较对照品种鲜草产量增产 25.33%，增幅极显著；干草产量增产 26.61%，增幅极显著；种子产量增产 6.33%，增幅显著。

（4）栽培要点。春季气温稳定在 5℃左右即可播种，内蒙古中西部地区一般 4 月 5 日至 5 月 10 日均可播种，适当早播有利于促进分蘖、提高产量和抗寒性。麦茬复种在 7 月 25 日左右播种，深秋可长到 100cm 左右。播量 150.0 kg/hm^2，行距 15cm 左右；适宜播深为 4~6cm，播后及时镇压。

二、蒙饲燕 2 号

（1）品种来源。蒙饲燕 2 号由中国农业科学院草原研究所经皮、裸燕麦种间杂交选育而成，2016 年通过内蒙古草品种审定委员会审定。

（2）特征特性。为一年生 6 倍体（2n=6x=42）禾本科燕麦属（*Avena L.*）植物，是皮燕麦（*Avena sativa*）。幼苗半直立，植株高大，全株绿色；侧散穗型松散下垂，穗长 20.4cm；穗粒数 65.5 个，穗粒重 1.25g，小穗数 20 个，穗铃长 5.8cm；千粒重 31.0g；叶为长披针形，叶脉绿色；生育期 85d 左右，属于中熟类型；高度 1.35m，较其他中熟品种鲜草产量高，植株高大，叶量高且叶片宽大，茎秆柔软粗壮且纤维化程度低，味甘甜且适口性好。平均分蘖数 2.15 个（有效分蘖 1.12 个）；根系强大，抗倒伏。茎叶多汁、柔嫩，草质好；营养价值高，抽穗期晾制干草时粗蛋白质 7.51%。种子发芽率 98.4%，出苗快，抗旱耐盐能力强，抗倒伏，耐瘠薄，在沙土、壤土、沙壤土、黑钙土上均能良好生长，适应性广。

（3）产量表现。蒙饲燕 2 号为皮燕麦（*Avena sativa*），既可收获饲草，也可生产籽实。饲用燕麦茎秆柔软、叶量丰富、含糖量高、适口性好、饲草产量高于籽实燕麦，干物质消化率可达 75% 以上，适合饲喂各种家畜。燕麦草植株直立，平均株高 135.0cm；平均分蘖数 2.15 个，平均有效分蘖数 1.12；鲜草及种子产量高，鲜草产量达 32 343.67 kg/hm^2，干草产量达到 11 003.90 kg/hm^2，种子产量 2 703.09kg/hm^2。较对照品种鲜草产量增产 18.64%，增幅极显著；干草产量增产 18.57 %，增幅极显著；种子产量增产 7.44%，

（4）栽培要点。同上蒙饲燕 1 号。

三、坝莜一号

（1）品种来源。“坝莜一号”是张家口市农业科学院于 1987 年以“冀张莜四号”为母本，品系“8061-14-1”为父本，通过品种间有性杂交，系谱法选育而成的莜麦新品种，其系谱编号为 8711-12-1-74。

（2）特征特性。该品系幼苗直立。苗色深绿，生育期 86~95d，属中熟型品种。株型紧凑，叶片上举；株高 80~123cm，花稍率低，产草量比“冀张莜一号”增产 2.7%。群体结构好，穗部性状好，周散型穗，短串铃，主穗小穗数 20.7 个，穗粒数 57.5 粒，穗粒重高达 1.45g，籽粒椭圆形，浅黄色，千粒重 24.8g，籽粒整齐，籽粒蛋白质含量 15.6%，脂肪含量为 5.53%。适宜在河北坝上肥沃平地、坡地、二阴滩地种植，以及内蒙古、山西、甘肃等同类型地区种植。

（3）产量表现。1992—1994 年参加全国旱地莜麦区域试验，籽实产量 2 400 kg/hm^2，比对照“冀张莜一号”增产 21.7%，增产极显著；鲜草产量 31 279 kg/hm^2。

（4）栽培要点。选择肥沃平地、坡地、阴滩地。适宜播期为 5 月 25~30 日。一般下籽量在 150~165kg/hm^2，苗数掌握在 450 万株 /hm^2，阴滩地可适当增加播量。结合播种施磷酸二铵 45~75 kg/hm^2。于莜麦拔节期结合中耕或趁雨追尿素 75~150kg/hm^2。

四、张燕 8 号

（1）品种来源。河北省张家口市农业科学院采用四倍体大燕麦“毛拉”与六倍体裸燕麦“品 16 号”杂交，后经系谱法选育培育而成。

（2）特征特性。幼苗半直立，叶色深绿，生长势强。生育期 95~100d，属中晚熟品种。株型紧凑，叶片上举，群体结构好，一般株高在 110~120cm，最高可达 165cm。周散型穗，短串铃，穗铃 25~33 个，穗粒数 53.7 粒，穗粒重 2.08 g，千粒重 38.0g。白粒型，籽实含蛋白质 15.6%，脂肪含量 6.12%。抗旱耐瘠性强，抗燕麦坚黑穗病。

（3）产量表现。生物产量高，参加河北省区试试验，14 个点的风干生物产量在 4 785~17 115 kg/hm^2，平均风干生物产量在 10 869 kg/hm^2，居 5 个参试品种之首，比对照“坝燕 1 号”增产 13.2%。籽实产量较高，一般在 4 200~5 250 kg/hm^2。

（4）栽培要点。该品种适应性较广，旱平地、旱滩地都可种植；在河北省坝上及相邻的晋、蒙燕麦产区用于收获籽实的可在5月下旬到6月初播种；用于刈割青草可在6月15~20日播种。籽实用一般播种量在225 kg/hm^2，苗数在375万~450万株$/hm^2$，刈青用一般播量为300 kg/hm^2。种植时施入种肥45~75 kg/hm^2的磷酸二铵，生育期可追尿素150 kg/hm^2。

五、冀张莜4号（品5号）

（1）品种来源。河北省张家口市农业科学院1972年通过皮、裸燕麦种间杂交培育而成。中晚熟，品种代号为“品5号”。1994年通过审定、命名。

（2）特征特性。幼苗直立，苗色深绿，生长势强，生育期88~97d。株型紧凑，叶片上举，株高100~120cm，最高达140cm。侧散型穗，短串铃，颖壳为白色，平均穗铃数18.7个，穗粒数39.8粒，穗粒重0.85g，千粒重20~22.6g。籽粒长形，浅黄色。茎秆坚韧，抗倒伏力强，群体结构好，成穗率高，落黄好，口紧不落粒，增产潜力大。耐黄矮病，抗坚黑穗病，抗旱耐瘠性强。适应性广，适宜在河北省坝上地区以及其他同类型区的旱滩地和肥坡地种植。

（3）产量表现。一般籽实产量2 250~3 000kg/hm^2；鲜草产量30 087kg/hm^2；干草产量10 408kg/hm^2。

（4）栽培要点。瘠薄旱坡地和沙土地播种量112.5~120kg/hm^2；较肥旱坡地和一般平滩地播种量在150 kg/hm^2左右，较肥平滩地和二阴滩地播种量165~180kg/hm^2。一般以施磷酸二铵112.5kg/hm^2加尿素30kg作为种肥，在拔节期趁雨施尿素150kg/hm^2。

六、草莜1号

（1）品种来源。内蒙古农科院以578为母本，以赫波一号作父本，经人工有性杂交，后代经系普法选育而成。2002年12月25日经内蒙古自治区农作物品种审定委员会 认定通过并命名为“草莜1号”。

（2）特征特性。幼苗直立，深绿色，生育期100d，株高130cm左右。穗呈周散型，长25cm左右。结实小穗20个，串铃型。穗粒数60粒，穗粒重1.1g左右，千粒重24.0g左右。籽实蛋白质含量15.7%，脂肪含量6.1%。茎叶比为0.7，干鲜比为0.18。青干草蛋白质含量8.56%，脂肪含量2.78%，总糖含量1.09%，粗纤维含量25.25%，维生素C 9.05mg/100g，胡萝卜素2.67mg/100g，灰分8.49%。

春播可解决 6 月底 7 月初缺乏鲜草问题；春播收获后及麦茬复种可较大限度地提高土地利用率；并提升饲草料品质。

（3）产量表现。籽实产量达 2250~3 750kg/hm^2。春播鲜草产量 52 500~60 000 kg/hm^2，夏播及小麦收获后复种亩产鲜草 30 000~45 000kg/hm^2。2000 年旱滩地示范，平均产鲜草 40 744.5kg/hm^2，干草（风干）3 644 kg/hm^2，2001 年水地双季示范，一季（4 月播种，6 月底、7 月初收割）平均产鲜草 55 003.5kg/hm^2。干草（风干）20 901 kg/hm^2。旱滩地示范，平均产鲜草 30 604.5kg/hm^2，干草（风干）10 098kg/hm^2，巴盟小麦收割后复种，平均产鲜草 31 005kg/hm^2，2002 年示范产鲜草 44 355kg/hm^2。

（4）栽培要点。一季（4 月份春播），平均播种子 150kg/hm^2，施种肥磷二胺 75kg/hm^2 与种子混施；二季（7 月份夏播），平均播种子 120kg/hm^2。一季幼苗三叶时防治蚜虫，三叶一心浇第一水，浇水后适时浅锄灭草。二季分蘖后期至拔节期前，每公顷用 1 500g 磷酸二氢钾，对水 600kg 进行根处追肥。根据降雨情况，适时浇水。

七、白燕 2 号

（1）品种来源。该品种是吉林省白城市农业科学院从引进的加拿大 F4 代杂交后代材料中选育而成，于 2003 年 1 月 15 日通过吉林省农作物品种审定委员会审定。

（2）特征特性。幼苗直立，深绿色，分蘖力较强，株高 99.5cm，穗长 19.0cm，侧散穗，小穗串铃形，颖壳黄色，主穗小穗数 10.5 个，主穗粒数 39.3 个，主穗粒重 1.11g；籽粒纺锤形，浅黄色，表面光洁，千粒重 30.0g。籽粒中蛋白质含量为 16.58%，脂肪含量为 5.61%。灌浆期全株蛋白质含量 12.11%，粗纤维含量为 27.40%。收获后干秸秆蛋白质含量 5.12%，粗纤维含量为 34.95%。根系发达，抗旱性强；早熟品种，出苗至成熟 81d 左右，可以进行下茬复种。

（3）产量表现。籽实产量平均 2 304.5~2 506.2kg/hm^2；鲜草产量为 32 761kg/hm^2。

（4）栽培要点。最好进行秋翻整地，因为播种期在 3 月末至 4 月初，土壤未完全解冻，春耕整地会延误农时，影响燕麦的产量。适宜播种密度为 200kg/hm^2 左右（按芽率 98% 计）。

八、白燕7号

（1）品种来源。该品种是吉林省白城市农业科学院选育，于2003年1月15日通过吉林省农作物品种审定委员会审定。

（2）特征特性。幼苗直立，深绿色，分蘖力较强，株高126.8cm，茎秆较强，穗长17.5cm，侧散穗，小穗纺锤形，颖壳黄色，主穗小穗数22.3个，主穗粒数37.9粒，主穗粒重0.9g；籽实长纺锤形，黄壳，籽粒浅黄色，表面有绒毛，千粒重23.7g，容重352.2g/L，蛋白质含量为13.07%，脂肪含量为4.64%，春播脱粒后干秸秆蛋白质含量5.18%，粗纤维含量为35.01%，下茬复种灌浆期全株饲草蛋白质含量12.23%，粗纤维含量为28.55%；经我院田间鉴定和白城市植保站田间鉴定，未见病害发生，抗旱性强，根系发达；早熟品种，春播出苗至成熟80d左右。在吉林省西部地区种植，下茬可以播种新收获的种子进行复种，10月1日前后收获饲草。

（3）籽实产量。2001—2002年两年春播产量试验，平均籽实产量1 804.5 kg/hm^2，干秸秆产量3 300kg/hm^2，下茬复种干饲草产量1 500kg/hm^2；2002年春播示范试验籽实产量1 837.3kg/hm^2，干秸秆产量3 400kg/hm^2，下茬复种每公顷干饲草产量1 600kg/hm^2。

（4）栽培要点。瘠薄旱坡地和沙土地播种量112.5~120kg/hm^2；较肥旱坡地和一般平滩地播种量在150kg/hm^{2}左右，较肥平滩地和二阴滩地播种量165~180 kg/hm^2。一般以施磷酸二铵112.5kg/hm^{2}加尿素30kg作为种肥，在拔节期趁雨施尿素150kg/hm^2。

九、丹麦444

（1）品种来源。“丹麦444”原产于丹麦，由青海省畜牧兽医科学院经系统引种、品比、筛选培育而成。1992年5月26日通过全国草品种审定委员会审定，定名为“丹麦444”。草籽兼用型。

（2）特征特性。该品种幼苗直立，苗色深绿，生长势强。生育期100~120d，株型紧凑，叶片上举，株高130~135cm，穗长21~26cm，叶长30~35cm，叶宽2.5cm，籽粒黑色纺锤形具短芒。主穗铃数46个，主穗穗粒数88.7粒，铃粒数1.93粒，主穗粒重2.83g，千粒重33~35g。该品种抗倒伏、耐寒、抗病虫害。适宜青海省海拔 2 500m 以下的低、中位山旱区可建立种子田；2 600~3 200m 的高位山旱及小块河谷地区既可作为青饲草利用，又可获籽实；海拔 3 300~4 000m 地区适宜作为青饲草利用。

（3）产量表现。该品种籽粒产量为 4 305 kg/hm^2，开花期鲜草产量 47 460 kg/hm^2，秸秆产量 5 400 kg/hm^2。

（4）栽培要点。播种的地块要：细（具细碎的团粒结构）、平（平整）、深（耕作层 25~30cm）、松（土层呈表松下实）、净（无其他杂草）、墒（墒情好）的原则。农区 4 月上、中旬播种，牧区 5 月到 6 月中旬。施有机肥 30 000~45 000 kg/hm^2，或者施磷酸二铵 150~225kg/hm^2 和 75~105kg/hm^2 尿素作为基肥，在整地时一同施入。施磷酸二铵 45~75kg/hm^2 和 22.5~37.5kg/hm^2 尿素作为种肥，播深 3~4cm，播后镇压。种子生产：一般为条播，行距 20~25cm，播量 150~195 kg/hm^2。饲草生产播量：条播行距 20~25cm，播量 225~240kg/hm^2，撒播量 255~270 kg/hm^2。

十、青引 1 号

（1）品种来源。经青海省畜牧兽医科学院草原所选育的皮燕麦品种。青引 1 号（*Avena sativa L*）皮燕麦，原引自河北张北地区，1975 年全国统一编号为青永久 001。

（2）特征特性。为一年生禾本科燕麦属植物，草籽兼用型，株高 125~157cm，生育期 95~100d，圆锥花序周散型，千粒重 30.2~35.6g，茎叶柔软、适口性好，各类家畜均喜食。鲜草产量 35~57t/hm^2，籽实产量 3 090~4 030kg/hm^2；海拔 4 000m 的地区种植，青干草产量 21.5~36.7t/hm^2。草籽兼用型，中熟品种，在西宁生育期 100~110d。籽实浅黄色，千粒重 30~36g。株高平均 126cm，可达 170cm。海拔 2 500m 以下的低、中位山旱区可建立种子田；2 600~3 400m 的高位山旱区及小块河谷地区既可作为青饲草利用，又可收获籽实；海拔 3 400~4 200m 地区适宜作为青饲草利用。

（3）产量表现。在青海东部农区鲜草产量 34 950~45 900 kg/hm^2、种子 3 045~4 035 kg/hm^2；在海拔 4 000m 左右的青南牧区鲜草产量 27 000~4 0350 kg/hm^2。

（4）栽培要点。播种地块应具细碎的团粒结构、平整、耕作层深达 25~30cm、土层应表松下实、无其他杂草、墒情较好。农区在 4 月上中旬种植，牧区与青稞同期播种。基肥：有机肥 3.0 万 ~4.5 万 kg/hm^2，或者施磷酸二铵 150~225 kg/hm^2 和 75~105kg/hm^2 尿素，在整地时一同施入。种肥：施二铵 45~75kg/hm^2 和 22.5~37.5kg/hm^2 尿素。播深 3~4cm，播后耙耱。种子生产条播行距 20~25cm，播量 180~195kg/hm^2。饲草生产时条播行距 15~20cm，播量 225~240kg/hm^2，撒播量 255~270kg/hm^2。

十一、林纳

（1）品种来源。林纳原产于挪威，1998 年由青海省畜牧兽医科学院从挪威引进，原名 LENA，1999—2005 年在青海畜牧兽医科学院试验田进行引种试验与原种扩繁。2006—2010 年通过品比、区域和生产试验，该品种遗传性稳定，产量高，籽粒品质优，落黄性好，草籽兼用，耐旱，抗倒伏，适应性强，2011 年 11 月 22 日青海省第八届农作物品种审定委员会第一次会议审定通过，定名林纳，属皮燕麦，品种合格证号为青审麦 2011005。

（2）特征特性。该品种幼苗直立，苗色绿色，生长势强。生育期 125~131d，属晚熟品种。株型紧凑，叶片上举，株高 110~150cm，茎秆坚韧，抗倒伏性强；茎叶茂盛，产草量高，穗型周散，短串铃，穗长 22cm 左右，穗铃数 40 个，颖壳为白色；平均穗粒数 68.8 粒，铃粒数 1.72 粒，穗粒重 1.87g，千粒重 24.8~35.8g。适宜在青海省海拔 3 000m 以下的低、中、高位山旱地及小块河谷地建立种子田；海拔 3 000m 以上的高位山旱地、海拔 1 700m 以下的农区河谷地复种，建立饲草田。

（3）产量表现。该品种一般肥力旱作条件下，子粒产量 2 805~4 050 kg/hm^2；较高肥力旱作条件下，产量 4 200~4 950kg/hm^2。一般肥力旱作条件下，开花期鲜草产量 30 000~45 000kg/hm^2；较高肥力旱作条件下，开花期鲜草产量 45 000~52 500 kg/hm^2。

（4）栽培要点。要求土壤疏松，肥力中等。播前施有机肥 3.0 万 ~4.5 万 kg/hm^2 或配合施纯氮 34.5~55.2kg/hm^2，纯磷 81~108kg/hm^2，深翻 20~25cm。种子田：4 月上旬至 5 月上旬播种，条播，行距 20~25cm，播种量 135~195kg/hm^2，每亩保苗 25 万 ~30 万株。饲草田：4 月下旬至 6 月上旬播种，条播或撒播，行距 15~20cm，播种量 210~240kg/hm^2，每亩保苗 35 万 ~40 万株。播深 3~4cm。

十二、蒙燕 1 号

（1）品种来源。蒙燕 1 号由内蒙古农牧业科学院，采用普通栽培燕麦（*A.Sativa*）与大粒裸燕麦（莜麦，*A.nuda*）种间杂交培育而成。母本为“永 492”，父本为“80-13”，系谱号“8707”。2010 年 8 月 20 日经国家农作物品种审定委员会审定通过，并命名为“蒙燕 1 号”。

（2）特征特性。幼苗直立，苗色深绿色，生育期 85~95d，株型紧凑，叶片上举，株高 90~100cm。茎秆坚韧，抗倒伏性强；茎叶茂盛，产草量高，穗型呈周散型，穗长 16.3~21.2cm。颖壳为黄色，穗铃数 26.8 个，穗粒数 25.9~43 粒，最高达 55 粒，铃粒数 2~3 粒，穗粒重 1.5~2.5g，千粒重 33~35g。籽粒椭圆形，浅黄色籽实。耐黄矮病，较抗坚黑穗病，抗旱耐瘠性强，口紧不落粒，落黄好。粗蛋白质 14.46%、粗脂肪 4.95%、粗淀粉 53.42%、水分 12.01%。适宜在华北及西北地区中等肥力的土壤上种植。

（3）产量表现。该品种旱滩地平均 3 000~4 095kg/hm^2；旱坡地平均 1 200~1 507.5kg/hm^2。2006—2008 年全国皮燕麦区域试验平均亩产 4 098kg/hm^2，比对照增产 11.89%。2009 年参加国家皮燕麦生产试验，4 个试点籽实平均亩产 5 221.5kg/hm^2，比对照增产 29.20%；鲜草平均亩产 49 182kg/hm^2，较统一对照“青引一号”平均增产 10.39%；干草平均亩产量 18 216kg/hm^2，较统一对照青引一号平均增产 9.13%；秸草平均亩产 8 115kg/hm^2，较统一对照青引一号平均增产 24.91%。在内蒙古、河北、山西、吉林、新疆、甘肃等华北、西北燕麦主产区表现良好。

（4）栽培要点。选择生产潜力在 75~200kg 的二阴滩地、旱平坡地种植。肥力较低的旱平坡地播量为 112.5~120.0kg/hm^2，每亩基本苗数达到 20 万 ~23 万株；肥力较高的旱平坡地亩播量 150~225kg/hm^2，每亩基本苗数达到 25 万 ~30 万株。在土壤黏重的二阴滩地播量 225kg/hm^2，每亩基本苗数达到 25 万 ~30 万株。春播夏收区播种期在 3 月中下旬，夏播秋收区在 5 月中下旬播种。旱田种植，以基肥和种肥为主，一般应以 112.5kg/hm^2 的磷酸二铵作种肥。

第五章　有机燕麦基地建设与栽培技术

第一节　基础建设

一、基地建设

1. 选定地域与地块

要按照有机农业种植的基本要求，选择生产环境无污染的地域作为有机燕麦种植的基地。同时要根据计划建设有机基地的总面积确定地块。选择的地块要求集中连片，便于管理，不能连片的要分别管理认证。

2. 转换期建设

按照有机农业生产和认证标准做好转换期建设。燕麦是一年生作物，其转换期建设一般为1~2年。转换期建设的种植管理标准似同有机种植管理标准。转换期间不仅是防止残留化肥、农药的污染，也是管理人员、技术人员熟悉地域、土块、生产、生态环境的过程，是生产者、管理者的磨合期，是有机认证前的大练兵，因此，意义重大，环节重要。

3. 设置缓冲带（隔离带）

为了防止不采取有机种植地块的水土流失和生产操作给有机地块造成污染，在有机燕麦生产田块与常规种植田块之间要设置80m以上的缓冲带。缓冲带以沟壑、水源无污染的河流、山川、草地和林带等自然隔离为好，也可设置80m的非种植区。

二、培肥地力

有机燕麦的种植不施化肥，因此，夺取燕麦的高产，培肥地力，打好基础是关键。培肥地力的标准要求是：土壤有机质含量提高；土壤通透性良好，容重低；土壤中氮、磷、钾及其大量元素的含量增加；保肥、保水能力增强。主要措施是：

1. 轮作倒茬

（1）轮作倒茬的效果。同一块地上长期种植一种作物会形成土壤养分单一，病虫害扩大蔓延，从而造成作物单产低，品质差。据大量试验证明，轮作倒茬可增产10%~20%。有农谚说得好："土倒土打石五"、"倒茬如上粪"，意思是换土倒茬后可提高作物的单产，可见轮作倒茬的重要性。

（2）轮作倒茬的原则。① 前后茬作物的亲缘关系要远，尽量不种同科以内的作物，种燕麦尽量不与小麦为前茬；② 要选择根形不同的作物为前后茬，如燕麦是须根系作物，应选择亚麻等直根系作物，这样便于吸收不同层次中的养分；③ 选择生长发育中需要的主要营养元素差异大的作物为前后茬，如燕麦需氮量大，需钾量相对少，所以要选择需 K 量大的马铃薯为前茬，或者选择有固氮作用的豆科作物为前茬。

（3）轮作倒茬的主要模式。

① 马铃薯——→燕麦——→亚麻。

② 豆科作物——→燕麦——→亚麻。

③ 亚麻——→燕麦——→豆科作物。

④ 青玉米——→燕麦——→马铃薯。

2. 压青与绿肥种植

在我国华北北部的燕麦产区，由于地多人少，自古以来就有采用撂荒压青（一种轮闲的耕作方法）来培肥土壤的传统习惯。就是将土壤比较瘠薄的耕地，闲置一年，并在闲置的当年 7 月份暑伏季节，田间杂草全部出苗，并已长到一定的高度时进行第一次耕翻压青，再过一个月后进行第二次耕翻。生产实践证明，压青地一般可比连年种植地块增产 30%~50%，人们有"压青田一年产量抵两年"的说法。

人们采取的压青地一般是自然撂荒，不种什么作物，但更科学的是在撂荒田中应该种一些绿肥。绿肥种类很多，有豆科绿肥、非豆科绿肥；有一年生绿肥、越年生和多年生绿肥；有短期绿肥，也有长期绿肥等，但对于北方高寒区、无霜期短的燕麦产区，当年压青，就应选择生育期短，生长量大，产量高，苗期耐寒性强的作物，一般以豆科作物为好。常用的作物有箭舌豌豆、食用豌豆等。经张家口市农业科学院试验：种绿肥压青的比不种绿肥压青的种燕麦可增产 10%~15%。

3. 草田轮作

草田轮作也是北方燕麦产区在 20 世纪 50~60 年代推广应用的一种培肥土壤的措施和方法。一般种植的多为越年生和多年生牧草，以豆科、十字花科作物为主，主要利用其有固氮作用，茎叶生长量大，有机残留物多的特点，轮作后可提高土壤中的氮素和有机质。常用的有草木樨、苜蓿、沙打旺等。

4. 推广应用免秋耕蓄沙固土耕作法

我国北方燕麦产区一般多为干旱、半干旱类型区，大风日数多，年降水量少。特别是3~5月份，是该地区大风日数最多、降水量极少的季节，每年至少有3~5次的沙尘暴刮起，最多可达十几次，土壤风蚀严重。据张家口市农业科学院调查，少者可刮走3~10cm的活土层，多着可刮走15cm的土层。张家口坝上有一句农谚形容风蚀的严重性，即“坝上一场风，从春刮到冬，秋天刮出山药蛋（马铃薯），春天刮出犁底层”。因此，采取传统的秋耕翻，早春种的方法很容易受到3~5月份风的侵蚀。近年来，河北省农林科学院张家口分院经10多年的研究，提出了一项以“一早三改”为中心的免秋耕晚播蓄沙固土减缓沙尘暴的新型耕作方法。即选用早熟和超早熟品种，改秋耕翻为播前耕翻，改早播为晚播，改稀播为密植，使活土期避开大风日。进入6月份雨季到来，大风日数减少、风力减弱时耕种动土，减少了大风对土壤的侵蚀，起到了蓄沙固土减缓沙尘暴，提高土壤肥力，提高燕麦单产的效果，是一项很好的可持续发展的科学耕种方法。其主要栽培种植技术要点如下。

（1）选用中晚熟或晚熟品种。

（2）最佳播种期。最佳播种期为6月15日前后，最晚可延迟到6月20日；“坝莜一号”等中早熟品种6月10—15日播种为宜。

（3）适宜播种量。燕麦晚播，在高温长日照的情况下分蘖少，靠主穗获得产量；发育快，生殖生长及穗分化时间短，穗子相对少，铃子少，需靠加大群体获得高产，因此，必须加大播种量，一般应该每亩35万~40万株苗为好。

（4）耕种方法。采用随耕翻、随耙耱、随播种、随填压的耕种方法。最好是采取耕翻、耙耱、播种、填压为一体的机耕法。

（5）免秋耕晚播蓄沙固土的主要优点是：① 防止土壤的风蚀，减缓沙尘暴，生态效益、社会效益好；② 提高土壤肥力，可得到可持续增产的效果；③ 保持土壤的含水量，满足燕麦生长发育的需要；④ 提高耕作效率，节省费用；⑤ 灭草效果好，可不进行中耕，节省劳动力；⑥ 提高产量，经济效益高。

5. 增施农家肥

农家肥，即有机肥，包括人与牲畜粪便，植物秸秆及残留根茬、灰分等，几乎一切含有有机物质，并能提供养分的资源都可以用来制作有机肥。

我国燕麦产区，大部分地处农牧交错带，属半农半牧区，有机肥源多，是农牧业发展得很好的自然循环体，是开展有机农业生产的最好选择地。因此，施好用好有机肥是燕麦产区农业可持续发展的必由之路。

（1）农家肥的功效。农家肥不仅含有植物所需要的各种营养元素，如氮、磷、钾、钙、镁、硫及微量元素，而且还含有大量的有机物质，因而是一类完全肥料。

施用农家肥可增加土壤微生物数量，特别是有益微生物，如固氮菌、氨化菌、硝化菌等，随着这些微生物活动的加强，可提高土壤有机质含量，改善土壤的物理、化学和生物学特性，从而提高土壤的吸收性能、缓冲性能和抗逆性能。

农家肥中含有维生素、激素、酶、生长素、泛酸和叶酸等，它们能促进作物生长和增强抗逆性。有机肥在分解过程中产生的有机酸，对土壤中难溶性养分有螯合增溶作用，可活化土壤潜在养分，从而提高难溶性磷酸盐及微量元素养分的有机胶体结合形成有机—无机胶体复合体，可熟化土层，促进水稳性团粒结构形成，调节土体中水、肥、气、热状况。腐殖质对种子萌发、根的生长均有刺激作用。

科学施用有机肥能提高作物的营养品质、食味品质、外观品质和降低食品硝酸盐含量，这主要与有机肥养分供应平衡有密切关系。

（2）施用农家肥的好处。① 增加土壤养分含量；② 增加土壤中有机物质含量，改善土壤生物环境，提高土壤通透性；③ 农家肥是长效肥，可得到可持续增产的效果；④ 清洁农家环境卫生，防止环境污染、病菌蔓延、疾病传播，有利于人、畜健康。

（3）农家肥的施入方法。施入农田的农家肥，必须通过充分腐熟沤制，否则会造成烧苗和病虫的传播。施入的方法比较多，一般应根据土壤肥力状况、农家肥的多寡而定。土壤肥力基础查，农家肥多的可以铺施基肥，就是在耕翻前铺入 1~2cm 厚的农家肥后进行耕翻；土壤肥力中等，可以沟施底肥，每亩用量在 2 500kg；上等肥力的土壤，可结合播种施入通过加工的颗粒壮的高效种肥，每亩 15~20kg。

第二节　种子生产与加工

一、建立种子田

我国燕麦种子生产很不规范，多数是一家一户自用自留，以商品粮做种子。因此，造成种子混杂退化严重，病害传播蔓延，产量低，商品性差。有的农民十多年不更换品种，不调种子。混杂严重的地块仅异种粮粒就达到 30% 以上，甚至有的达到 50%，种出的燕麦除自用外，无人收购，不能进入市场交易，产值与效益极低。因此，建有机燕麦基地应根据生产需要，建立规范化的燕麦种子田。其建立种子田的要点如下。

1. 根据需要因地制宜选择品种

种子田是为生产田服务的，应根据生产田土壤肥力、气候特点等条件选用适宜种植的品种；有机基地生产的商品粮主要是通过加工后进入市场，因此，必须选择符合加工用的品种。

2. 建立无病留种田，防止燕麦坚黑穗病

燕麦有一种由种子传播的病害，称为燕麦坚黑穗病，一般大田可以用拌种霜等杀菌剂拌种即可防治。有机农业不允许施用农药，因此，有两项措施可以解决，一是选用抗病品种；二是建立无病留种田。

无病留种田的原理是：燕麦坚黑穗病是靠种子传播，土壤不带菌，只要种子田用的种子没有被病菌污染，生产田就不会发生燕麦坚黑穗病。

防治方法是：① 选用无污染的原种；② 播前晾晒杀菌；③ 拌种杀菌；④ 与一般燕麦生产田建立 500m 的隔离带；⑤ 单收单脱单存放，不与一般大田共用一个场院、一个机具、一个库房等。

3. 拔杂去劣，保证种子纯度

为保证生产用种的纯度，种子田一般应在抽穗后，收获前拔杂去劣 1~2 次，去除异种粮和混入的杂种燕麦植株。

4. 精心管理，防除杂草

一般采取免秋耕晚播种的措施后，可将大量的杂草灭掉，但为了保证种子的纯净，严禁与杂草混杂，应精心管理，拔除杂草，特别是要拔除与燕麦种子颗粒同等大小的杂草，如苦荞等。

5. 脱粒与加工

种子田应单收、单脱，严禁与大田商品粮用一个场地，一套机械。脱粒后要进行充分晾晒。当水分达到 13% 时，经风选、筛选后包装入库。

二、整地播种

1. 播前整地

整地应做到深耕蓄墒和耙耱保墒。一般深耕要达到 15~20cm，实行秋耕翻的地块，要在早春耙耱 1~2 次，使土地平整，土壤细碎，无坷垃。尤其在干旱地区，要争取“早耕、深耕、多耕、细耕”，充分熟化土壤，形成松软细绵、上虚下实的土壤条件，这是防旱、保墒、全苗、壮苗、提高产量的一个先决条件。

整地一般包括耙耱和镇压两部分。经过耙耱的土地，切断了土壤毛细管，消灭坷垃，弥合裂缝，可以减少水分的蒸发。特别是顶凌耙地，可使土壤保持充足的水分，保墒的效果更好。耙耱多次比耙耱一次的地块，干土层减少 10cm 左右，土壤含水提高 4.2% 左右。镇压可以碾碎坷垃，减少土壤孔隙，减轻气态水的扩散。同时还能加强毛细管作用，把土壤下层水分提升到耕作层，增加耕作层的土壤水分。

整地作业前，深松 15~20cm，如果前茬是大根类作物，如青玉米，葵花等，就要采取碎茬、灭茬的措施。深松耕翻后耙耱，做到不漏耙、不拖耙，耙后地表平整。除土壤含水量过大的地块外，耙后应及时镇压，以防跑墒。耕整地作业后，要达到上虚下实，地块平整细碎，地表无大土块，耕层无暗坷垃，无根茬。

2. 播种量的确定与计算

播种量的确定应遵循合理密植的指导原则。合理密植是农业高产稳产的重要环节。合理密植的要求，就是根据气候特点、品种类型、种植方式、耕作措施等条件，创造一个合理的群体结构。

构成燕麦单产的三个因素是单位面积的穗数、每穗粒数和粒重。穗数取决于基本苗株数和有效分蘖率，因此单位面积的基本苗株数是决定产量的基础和前提。在一定株数范围内，单株营养面积的大小、光照条件的优劣对穗粒重的影响极大，所以，必须合理密植。合理密植就是在增加株数的基础上，协调个体之间的关系，创造合理的群体结构，既要使群体充分发展，又不抑制个体的正常生长发育；既要使地下部分充分利用水分和养分，又要使地上部分充分利用阳光和空气；既要培育主穗，又要促使分蘖成穗。如密度过高，群体过大，前期生长健壮，植株较高，叶面积系数较大，但后期田间郁闭，通风透光不良，个体的营养状况和生长发育受到严重影响，导致分蘖减少，茎秆细弱，容易倒伏，光合生产率低下，穗小粒少，减产严重；密度过低，群体过小，虽然个体发育良好，但不易达到丰产指标应有的株数、穗数，叶面积系数小，光能利用率低，而且造成土壤养分和肥料浪费，同样不能丰产。

播种密度要根据品种特性、土壤肥力和施肥水平等确定。提倡精量播种或半精量播种。播种密度一般以每亩 25 万 ~30 万株基本苗为宜。在推迟播期的情况下，播种量要适度增加。

播量按每亩保苗株数、种子千粒重、发芽率、净度和保苗系数计算。其公式如下：

播种量（kg/ 亩）= 保苗系数 × 保苗株数（株 / 亩）× 千粒重（g）/ 净度(%)× 发芽率（%）× 100

3. 播种时间的确定

任何作物的生长发育，都是建立在内因（作物本身）与外因（自然条件）之间相互对立统一的基础上的。内因固然是变化的根据，但外因往往起十分重要的作用。在作物的外因条件中，光照、热量、降水等气候要素，既是作物生长必要的环境条件，又是重要的自然资源，它对作物产量的高低有着极大的影响。特别是目前在我国农业科技水平还比较低的情况下，要夺取农作物的高产，必须建立在正确地认识自然和合理地利用自然资源的基础之上。选择适宜播期，正是为了选择作物的最好的生长起点，从而使作物的各个生长发育阶段的要求与外界自然条件相吻合，因势利导，夺取高产。

实践表明，确定适宜播期，即将燕麦的全生育期置于比较理想的自然条件下，充分利用自然资源，以获取理想产量。燕麦对光、温、水等自然条件的适应范围较宽，对播种期的适应幅度较大，可适应燕麦产区的气候条件。燕麦的适宜播种期应根据自然条件、品种和栽培水平决定。大体上应遵循以下两个原则。

（1）旱地燕麦应根据品种特性适期播种，使燕麦的水分临界期与产地雨热高峰期相吻合。旱地燕麦的适宜播种期，主要考虑使其生育期与光热水资源同步，特别是需水关键期要与降雨盛期同步。燕麦的需水规律是前期少、中期多、后期少。中期的孕穗到抽穗阶段，燕麦根群快速增长，耗水速度达到高峰，需水量大而迫切，为水分临界敏感期。此时缺水就会造成“卡脖旱”，严重影响产量。所以，在保证正常成熟的前提下，种植生育期较短的早熟、中早熟类型品种，适当推迟播期，可以更有效地利用夏季降雨和光热资源。

（2）水地燕麦应根据品种的生育期适期早播，提高分蘖成穗率，形成大穗。在灌溉条件能够满足生长发育对水分需要的情况下，无须考虑需水关键期与雨季对口问题，而应以有利于燕麦生长发育和避免倒伏为适播原则。一般在日平均气温稳定在5℃时即可播种，河北坝上地区在4月底5月初播种。在适播期内，播种越早产量高，原因有以下几个方面：适期早播可延长生育期，延长穗分化时间，穗部性状好；可充分利用自然条件和土壤肥力；可以减少花梢与倒伏。

4. 播种方式

主要有耧播、犁播和机播3种。

（1）耧播。应用历史悠久，常用的有三腿耧和两腿耧，畜力牵引。行距23~25cm。优点是播种深浅一致，下籽均匀，出苗整齐一致。在春旱严重，土壤墒情较差时，多用耧播，播后填压。

（2）犁播。应用广泛，效果较好，北方常采用。一般行距为28~30cm，播后镇压。犁播的优点是下籽多，播幅宽，单株营养面积大，利用光能效果好，茎秆粗壮，较抗倒伏；缺点是开墒面积大，易跑墒，犁底沟不平，覆土厚薄不一，墒情差时出苗不齐。

（3）机播。效率高，深浅一致，落籽疏散均匀。目前大面积推广的机械沟播技术，将开沟、播种、覆土、镇压一次完成，且具有提墒保墒作用，利于全苗和壮苗。同时，生长期间还有集肥聚水效果，增产效果明显。

5. 施肥

燕麦根系比较发达，有较强的吸收能力，增施肥料并施用质量较好的有机肥料是确保燕麦苗壮、秆粗、叶绿、穗大、粒多，有显著的增产效果。

农家肥料作底肥，不仅有后劲，肥效持久，而且可以使土壤形成团粒结构，使土壤疏松、透气，有利于土壤中微生物的活动。

为了提高肥效，要提倡集中施肥。肥多的地方可结合秋耕或春耕施足底肥。地多肥少的地方，为使肥料充分发挥作用，可采用沟施办法，把肥料集中施于播种行内，详见前述。

三、田间管理

1. 中耕灭草

燕麦从出苗到拔节初期要根据土壤墒情中耕 1~2 次，以锄去杂草、破除板结、减少水分蒸发。第一次中耕要早，一般为 2~3 叶期，早中耕，做到浅锄不埋苗，有利于防旱保墒，促根壮苗。燕麦苗期生长迅速，耗水量大，加之苗期所处气候干燥、土壤干旱，杂草与燕麦争夺水分、养分。因此，中耕除草要掌握“除早、除小、除净”的原则，将杂草消灭在萌动初期。第二次中耕一般在 4~5 叶期，中耕要深，有利于扎根，提高植株的抗旱力。

2. 灌溉浇水

有灌水条件的地方，如遇春旱，于燕麦 3 叶期至分蘖期灌溉一次、灌浆期灌水一次。

3. 病虫害防治

燕麦的病害主要是坚黑穗病、红叶病和锈病；害虫分地下害虫和地上害虫。地下害虫以金针虫、蛴螬、蝼蛄为主。地上害虫以蚜虫、黏虫、草地螟、土蝗、蓟马、条斑蝉等为主。

燕麦病虫害防止应遵循预防为主综合防治的方针，从整个生态系统出发，优先使用农业措施、生物措施，综合运用各种防治措施，创造不利于病虫害滋生，有利于各类天敌繁衍的环境条件，保持生态系统的平衡和生物多样性。

选用优良抗病品种、建立无病留种地，实行轮作倒茬，改善栽培管理和治虫防病的综合防治措施，消灭带病残体，消除田间杂草寄主，多中耕，增强植株抗病力，合理施肥，防止贪青晚熟，多施磷、钾肥，促进早熟等都是防治病虫害的有效措施。

4. 追肥

燕麦要想获得高产，除了施足底肥和种肥外。还要适当追肥，促使分蘖早生壮发，为提高燕麦成穗率奠定基础。

肥料种类：使用高温发酵腐熟好的农家粪肥、绿肥、秸秆堆肥等有机肥料。堆制农家粪肥一般要求 C∶N =（25~40）∶1；堆积的农家粪肥在发酵腐熟过程中，连续 15d 左右保持堆内温度达到 55~70℃；在发酵过程中，翻动 3~5 次。

四、收获脱粒

由于燕麦圆锥花序开花顺序的差异，致使全穗籽粒成熟过程很不一致。同一个小穗（铃）上，基部第一朵花先成熟。成熟过程中，穗部颜色颇不一致，这个成熟过程又叫做花铃期。花铃期过后，下部小穗籽粒进入蜡熟期，即可收获。

人工收获和机械收获都在蜡熟后期进行，联合收割机收获在完熟期进行。避免过晚收获。机械收获选择无露水、晴朗天气。机械分段收获，割茬高度为 15~18cm。放铺整齐，连续均匀，麦穗不接触地面。割晒损失率不得超过 1%，籽粒含水量下降到 18% 以下时，应及时脱粒。拾禾脱粒损失率不得超过 2%，联合收割机收割拾禾损失率不得超过 3%，清洁率大于 95%。人工收割损失，每平方米不超过 2 穗，并要捆好、码好，及时拉运、脱粒。

第三节　收获燕麦青干草

一、燕麦草收获

1. 青干草概念

青干草指适时收割的牧草、细茎饲料作物，经自然或人工干燥调制而成能够长期贮存的青绿干草。青干草调制作为畜牧业生产的传统办法，可以把饲草从旺季保存到淡季，能够解决丰草期大量牧草霉烂、枯草期饲草缺乏等问题，且具有简便易行、成本低、便于长期大量储存等优势，是解决草畜平衡问题的一项重要措施。青干草调制是将天然或人工种植的草本饲用植物在营养价值及草产量最佳的时期刈割，经过不同方法调制使其水分达到稳定状态，且能够长期保存的草产品。由于它用青绿植物调制而成，仍保持一定的青绿颜色，故称之为青干草。优质青干草叶量丰富、颜色青绿、气味芳香、质地柔软、适口性好，并含有较多的蛋白质，维生素和矿物质等营养成分，是草食家畜冬春季节必不可少的饲草，也是各种饲草加工企业的主要原料。燕麦干草作为高寒地区家畜补饲的重要饲草，在维系高寒草地畜牧业发展中发挥着其他栽培牧草所不可替代的作用。

2. 刈割时间

在农业生产中，往往需要获得产量高且品质好的牧草，利用刈割技术可以通过牧草的补偿性生长作用和均衡性生长特性很好地获得产量高且品质好的牧草，由于牧草品种的生长特性不同，同样的刈割对不同牧草品种的生物量及品质影响差异很大。有研究表明，禾本科类牧草一般以抽穗初期至开花初期收割为宜。

调制燕麦青干草的最佳刈割时间在抽穗期至灌浆期结束前，这个时期刈割容易制作优质青干草，刈割留茬高度在5~8cm。影响燕麦干草产量的因素较多，其中刈割时期是最重要的因素之一。最佳刈割时期要综合考虑其可利用营养物质含量与产草量，当综合生物指标最大时，此时为最佳刈割时期。不同刈割时期对牧草产量及品质有很大的影响。刈割时应选择在良好的天气条件下进行，结合机械设施完成青草的收割，尽可能地减少嫩枝茎叶的损失。从燕麦生长期营养成分含量变化的情况来看，在幼嫩期体内干物质、粗蛋白质等含量较高，但是随着其生长发育，其饲用价值会逐渐降低。

二、燕麦青干草的调制

有机燕麦青干草的调制方法应参考遵循由内蒙古农业大学李青丰等人编写的《绿色干草生产技术规范》（内蒙古自治区地方标准，讨论稿），具体见本章附件。这里介绍一下有机燕麦青干草简单调制。

应选择晴朗的天气刈割（有茎秆压扁机的，使用压扁机将燕麦茎秆压扁）。在原地或另选一地势高处将青草摊开暴晒，晾晒效果以水泥地最佳，草品质优于其他地面；其中水泥地压扁晾晒的燕麦青干草的粗蛋白质、粗脂肪含量在高含水分下分别为11.16%和2.96%，显著高于其他处理方法。燕麦草摊晒厚度影响晾晒时间和品质，晒制厚度为 6cm 时，能够有效缩短干燥时间，无论压扁晾晒还是未压扁晾晒，青干草均能达到一级标准。晒制厚度为 13cm 时，压扁晾晒效果最好。

每隔 2~3h 翻晒 1 次，水分降至 40%~50%（用力拧扭草束能拧成绳，但不形成水滴），用搂草机或人工把草搂成垄，继续翻晒干燥，使其所含水分降至 30%~35%（紧握干草束或揉搓时无沙沙声，经多次搓拧不折断），用集草器或人工集成小堆干燥，保持草堆的松散通风，直至牧草含水分降至 15%~17%（用手揉搓时会破裂发出喀嚓声，易于折断）时收集运回，选择通风干燥的地方堆成草垛。再晾 1~2d，每天轻翻 1~2 次，堆垛。

1. 干燥方法

燕麦干草调制过程中，为保证干草较高的营养物质，应最大限度地减少营养物质损失，加快干燥速度，使分解营养物质的酶失去活性，并且要及时贮藏以减少营养损失。把刚刈割的燕麦青草的含水量下降到安全含水量所用的时间称为干燥速度，而干燥速度决定了干燥后的燕麦的营养水平和质量。燕麦干燥方法的种类较多，大体上可分为两类，即自然干燥法和人工干燥法。

（1）自然干燥法。自然干燥法是国内外许多国家地区仍然主要使用的方法，简便易行，成本低廉。即在天气状况良好的条件下，选择最佳刈割时期割草，然后调制晾晒成青干草。自然干燥法方式较多，如田间干燥法（平铺晒草法、小堆晒草法）、草架干燥法（独木架、三脚架、铁丝长架和棚架等）等，具体生产中可根据实际条件、规模以及要求来决定具体采用何种干燥方式。但正常情况下，此法干燥时间较长，受气候及环境影响大，营养成分损失较多。

① 田间干燥法。田间干燥法即燕麦刈割后在田间直接晾晒，通过创造良好的通风条件来尽快缩短干草的干燥时间。青草在刈割以后，应尽量摊晒均匀，每隔一段时间进行翻晒通风一次，使之充分暴露在干燥的空气中，从而加快干燥速度。运用此干燥方法的最大优点是成本较低，故在干旱少雨地区被普遍采用；但是其缺点较大，首先此法晒制干草受天气的影响较大，另外，在暴晒的过程中，干草所含的胡萝卜素、叶绿素等营养物质会大量损失。长时间的露天晾晒，也容易导致干草腐败变质，从而降低了干草的商业价值和利用价值。因此，选用此法需结合天气情况适时选择青草刈割并快速晒制，尽可能地保留饲草营养品质。

② 草架干燥法。在雨量较大地区，采用田间干燥法调制干草较困难，可采用草架干燥法代替。在草架上晒制牧草可以大大地提高牧草的干燥速度，保证干草的营养品质。干草架有三脚架、铁丝长架、独木架等形式。一般燕麦青草刈割后进行自然晾晒，待水分降至 40%~50% 时，自下而上均匀堆放在搭制好的草架上面，草

架干燥可加快干燥速度，获得优质青干草；缺点就是需要设备费用和较多劳动力，成本偏高。通过对薄层摊晒、小捆晒制和草架晒制的比较试验，认为在阴湿地区搭架晒制干草可明显加快干燥过程并且有效地防止叶片脱落。

③ 发酵干燥法。将割下的青草晾晒风干，使水分降至 50% 左右，然后分层堆积。牧草依靠自身呼吸和细菌、霉菌活动产生的热量，并借助通风将饲草的水分蒸发使之干燥。为防止发酵过度，应逐层堆紧，每层可撒上约为饲草重量 0.5%~1.0% 的食盐。发酵干燥需 1~2 个月方可完成，也可适时把草堆打开，使水分蒸发。这种方法养分损失较多，故多在阴雨连绵时采用。

（2）人工干燥法。自然干燥晒制的干草营养品质较差，特别是在雨季，如若无机械烘干设备将造成饲草霉烂，损失较大，而采用人工干燥法可将牧草快速干燥，营养损失减小，制成的干草品质较好，但是成本较高，且能源消耗较大。因此，为使我国草业走上可持续发展的轨道，我国草业应在开发高品位、低能耗的产品上下功夫，以适宜国际市场需要，只有这样才能增大产品的利润空间。人工干燥法通常分为低温烘干法、常温鼓风干燥法、高温快速干燥法。

① 低温鼓风干燥法。低温烘干法的原理是将通过能源消耗，将空气加热到 50~70 ℃或 120~150℃后，鼓入干燥室内，利用热气流的流动完成干燥。此法须有牧草干燥室、空气预热锅炉、鼓风机和牧草传送设备。

② 常温干燥法。常温烘干法可以在室外露天堆贮场或在干草棚中进行。通过送风器等通风设备对刈割后在地面预干到含水量为 50% 的饲草进行不加温干燥，这种方法一般是在干草收获时期白天、晚间的温度高于 15℃时、相对湿度低于 75% 使用。

③ 高温快速干燥法。该技术采用加热的方法使牧草水分快速蒸发到安全水分范围，它一般适合于在高寒潮湿地区进行，其特点是加工时间短，根据干燥机械种类不同，几小时到几十分钟便可使干草水分降到 40%~50%。研究表明，利用高温快速干燥法生产干草几乎不受天气条件的影响，而且烘干调制出的干草在色、香、味方面几乎与鲜草相同。但因其成本较高，而且会造成干草中芳香性氨基酸损失严重，并且在高温干燥过程中会使部分蛋白质发生变性，从而降低干草的适口性和体内消化率。因其干燥速度快，高温快速干燥法势必会在燕麦干草生产中发挥重要作用。

④ 茎秆压扁干燥法。压扁干燥是指将牧草茎秆压裂，破坏茎角质管束和表皮，消除茎秆角质层对水分蒸发的阻碍，增大水导系数，从而加快水分散失速度。有研究报道均表明压扁晾晒可提高水分散失速率，减少可利用营养物质的损失。但是压

扁处理一定程度上会造成细胞液渗出导致营养损失。在阴雨天，茎秆压扁的牧草营养物质易被淋失，从而产生不良效果，因此使用此方式时，需密切关注天气状况，保证干草能够完成调制。

⑤ 干燥剂干燥法。牧草刈割后，水分要从植物体向外散失，在水分散失的第二个阶段由于受叶片表皮的角质层的影响，在一定程度上阻止了牧草水分的散失。而使用干燥剂可使植物表皮的化学、物理结构发生变化，使气孔张开，改变表皮的蜡质疏水性，从而增加了水分的散失，缩短干燥时间。常见的化学干燥剂有K_2CO_3，Na_2CO_3和$NaHCO_3$等，化学干燥剂对豆科牧草的干燥性较好，对禾本科牧草干燥作用不明显，但能影响其干草品质。国内外学者关于干燥剂有较多的研究，均证实使用干燥剂能够缩短牧草的干燥时间。

2. 青干草的贮藏

品质优良的青干草要及时进行合理贮藏，能否安全合理的贮藏，是影响青干草质量的又一重要环节。已经干燥而未及时贮藏或贮藏不当，都会降低干草的饲用价值。

① 散干草的贮藏。散干草主要采取堆垛法进行贮藏，草垛的形状最好是长方垛。其中露天堆垛青干草是我国传统的青干草存放形式，适用于需贮很多干草的大型养畜场，是一种既经济又省事的较普遍采用的方法。但是干草易遭受雨雪和日晒，造成养分损失或霉烂变质。因此，要选择地势平坦高燥、排水良好和取用方便的地方进行堆垛。另外，草棚贮存也比较常用，适宜气候潮湿、条件较好的牧场或奶牛场，可建造简单的干草棚，既能防雪和防潮湿，也能减少风吹、日晒、霜打和雨淋造成的损失，在堆草时棚顶与干草应保持一定的距离，以便通风散热。

② 草捆贮藏。目前，美国、加拿大等发达国家青干草的贮藏基本上采用压捆后贮存，我国草产品公司也较为普遍。青干草压捆后，单位重量干草体积减小，重量大，便于堆藏、运输和取用，尤其是青干草在打捆后易于成为商品在市场上流通，操作中损失也较少，比散干草的贮藏有很多优点。草捆生产有一套专门的设备和工艺技术，可以制作方草捆，也可制作圆草捆，根据草捆的大小和形状的不同，贮存方式也有区别。但是不论何种类型的干草捆，均以室内贮存为最好，避开风雨侵蚀，即使贮存数年其营养价值也不会有大的损失，但是其色泽会发生变化，外观性状也将下降。

附件：《绿色干草生产技术规范》

（内蒙古自治区地方标准，讨论稿）

1　范围

本标准规定了绿色干草的定义，生产绿色干草的产地环境条件、生产体系、产品检验、包装和标志方法等。

本标准适用于在天然草地上收获的和人工栽培种植生产的饲草类植物产品。

2　规范性引用文件

下列文件中的条款通过本标准的引用而成为本标准的条款。凡是注日期的引用文件，其随后所有修改单（不包括勘误的内容）或修订版均不适用于本标准，但鼓励根据本标准达成协议的各方使用这些文件的最新版本。凡是不注日期的引用文件，其最新版本适用于本标准。

NY/T 391—2013《绿色食品　产地环境质量》

NY/T 393—2013《绿色食品　农药使用准则》

NY/T 394—2013《绿色食品　肥料使用准则》

HJ/T 80—2001《有机食品技术规范》

GB 13078—2001《饲料卫生标准》

NY/T 1054—2013《绿色食品　产地环境调查、监测与评价规范》

DB15/T 868—2021《天然青干草质量检验与分级标准》

GB/T 6432—1994《饲料中粗蛋白质测定方法》

GB/T 20806—2006《饲料中中性洗涤纤维测定》

NY/T 1459—2007《饲料中酸性洗涤纤维的测定》

GB/T 6435—2006《饲料中水分和其他挥发性物质含量的测定方法》

GB/T 6438—2007《饲料中粗灰分的测定方法》

《有机产品认证管理办法》（总局令第 155 号）【2014-04-01 实施】

GB 10648-2018《饲料标签》

GB 7718《食品安全国家标准　预包装食品标签通则》

参照中华人民共和国国务院办公厅《关于建立统一的绿色产品标准、认证、标识体系的意见》（国办发〔2016〕86号文件），本规程中所有引用的有关“有机”产品的表述，等同于“绿色”产品的表述。

3 术语和定义

下列术语和定义适用于本文件。

3.1 干草 hay

天然生长或人工栽培的植物适时刈割收获后，经一定时间和方式干燥形成的用于饲用的草产品。

3.2 绿色产品 Green product

在本规程中等同于“有机食品（organic food）”。指来自绿色（有机）农业生产体系，根据绿色（有机）农业生产要求和相应标准生产加工，并且通过合法的绿色（有机）食品认证机构认证的农副产品及其加工品。

3.3 绿色干草 Green hay

本规程中“绿色”并不为专用的颜色称谓。“绿色”干草指按照有机（绿色）食品生产体系，根据有机（绿色）产品生产要求，在生产、加工、包装过程不使用化学合成的农药、化肥、生长调节剂、饲料添加剂、防腐剂等物料所生产出的干草产品。

3.4 绿色认证 certification of green product

依照有机（绿色）产品认证管理办法的规定，遵循有机（绿色）产品认证规则，对绿色产品生产和经营过程做出系统评估和认定，并以证书形式进行确认的制度。

3.5 产地环境 technical conditions for production environment

参照 NY/T 391—2013。本标准中特指生产绿色干草的基本条件。包括生产地点以及周边紧邻区域的空气、水、土壤等生产要素条件。

3.6 土地取样单元 land unit for sampling

指对生产环境进行监测和检验时，用于在其上获取样品的一块特定面积的土地。

3.7 转换期 conversion period

指从常规农业生产系统开始，申请进行绿色产品生产，到这个生产系统满足绿色产品生产要求，获得绿色认证的期间。

3.8 缓冲区 buffer zone

指绿色生产体系（地段）与非绿色生产体系（地段）之间明确的过渡地带，用来防止受到邻近地区传来的禁用物质的污染。

3.9　产品取样单元

指对产品进行抽样检查时，用于获取样品的产品包装单体。

3.10　检验批次 Testing lot

同一地块、同一时间收获、同一时间打捆或包装的产品为一检验批次。

4　生产要求

4.1　产地环境要求

除水和土壤酸碱度（pH）指标外，生产绿色青干草的产地环境其他指标应符合 NY/T 391 规定的要求。生产绿色青干草的水和土壤酸碱度应在 pH 值为 6.5~9.0 之间。

4.2　生产过程要求

在生产、加工过程不使用化学合成的农药、化肥、生长调节剂、饲料添加剂、防腐剂、干燥剂等物料。在生产、加工过程中可使用的农药和肥料应符合 NY/T 393 和 NY/T 394 规定。

4.3　生产管理要求

绿色干草生产应参照 HJ/T 80-2001 要求组织生产管理体系和安排生产。

4.4　产品卫生要求

绿色干草产品须满足 GB 13078《饲料卫生标准》。

5　检验

5.1　产地环境

5.1.1　土地取样单元

参照 NY/T 1054-2013 方法进行。天然干草产地环境检验的最大土地取样单元面积不得超过 1 000hm^2。人工栽培植物产地环境检验的最大取样单元面积不超过 100hm^2。同一次检验的地块上地形、土壤等应保持均一。如在检验取样时目测发现有任何可能影响到地块均一性的因素，应即刻停止取样，重新划分取样单元。

5.1.2　转换期

参照 HJ/T 80-2001 要求设置转换期。天然草地进行补播、施肥等活动后，视活动性质以及所使用材料特征，设 1~2 年转换期。当仅使用 NY/T 393 和 NY/T 394 容许使用的物料进行补、施肥等活动时，设一年的转换期。当使用 NY/T 393 和 NY/T 394 禁止使用的物料时，设 2 年的转换期。对于已经按本生产规程管理的草地，如能提供真实的书面证明材料和生产技术档案，则可以缩短甚至免除转换期。

未进行过任何人工种植或草场改良措施（包括施肥、除杂草、灭虫、灭鼠等）的天然打草场可不设转换期。

人工种植的草地申请转为绿色干草生产地之前设2~3年的转换期。对于已经在按本生产规程管理、种植的草地，如能提供真实的书面证明材料和生产技术档案，则可以缩短甚至免除转换期。

5.1.3　缓冲区

申请生产绿色干草的地块设不小于500m的缓冲区。周边5000m内有化工、制药等产企业时缓冲区为1 000m。

5.1.4　检验项目

产地环境检验项目参照NY/T391执行。

5.1.5　免除检验

原生天然草地，或在近5年内未进行过任何人工种植或草场改良措施（包括施肥、除杂草、灭虫、灭鼠等）的天然草地，在有真实的书面证明材料（由乡、苏木或旗、县以上草原管理部门开具）条件下，可免除产地环境检验。

5.2　生产过程

5.2.1　土地整备

用于生产绿色干草的天然草地可以不经任何土地整备作业直接收获干草。人工种植的干草可在播种前使用常规耕翻、耙磨等方法进行机耕作业。不可使用HJ/T 80-2001禁止使用的物料进行土地处理。

5.2.2　田间管理

天然草地上进行的绿色干草生产可不做任何田间作业。也可进行施肥、浇水、除杂草等项作业。人工种植的绿色干草可进行施底肥、除杂草、追施肥料、喷施干燥剂等作业。所有作业须按照参照HJ/T 80-2001要求进行。不得使用下述物料。

（1）任何化学合成的肥料或化学复混肥。

（2）不稳定元素，如放射性元素、稀土等。

（3）各类非天然的激素、抗生素、杀虫剂、杀菌剂、干燥剂等。

（4）不明或致病微生物制剂。

（5）重金属及其他有毒有害物质。

（6）其他性质不明物质。

5.2.3　收获管理

收获绿色干草前应清理收获、翻晒、打捆、运输等机械。避免从外部带入非绿色草，以及受到机械泄露的油污等污染物影响。

5.3　产品

5.3.1　产品取样单元

参照 DB15/T 868-2015 执行。绿色干草产品检验的基本单元为草捆或草包。草捆或草包的最大重量不超过 500kg。

5.3.2　检验批次

参照 DB15/T 868-2015 执行。植物生长均匀，最大面积不超过 1 000hm^2 的同一地块上，在不超过 72h 的时间段连续作业生产的产品，划分为一个批次。

每一批次的草捆或草包数量不超过 2000 个，或不超过 200t 草产品。

5.3.3　抽样

田间抽样按附录 A 方法执行。仓库和料场抽样按附录 B 方法执行。

5.3.4　检验项目

5.3.4.1　外观和感官性状检验

用目视法观察产品颜色、质地以及夹杂物情况，鼻闻气味。

5.3.4.2　卫生指标

执行 GB13078 饲料卫生标准。除非对产品的卫生状况有强烈的怀疑时（如有异味、有明显霉斑、腐烂等），可以不进行此项检验。

5.3.4.3　产品饲用质量指标

参照 DB15/T 868-2015 执行。绿色干草的饲用质量指标为粗蛋白质、中性洗涤纤维、酸性洗涤纤维和水分含量。其检验方法分别参照 GB/T 6432-1994、GB/T 20806-2006、NY/T 1459-2007 和 GB/T 6435-2006 执行。

5.3.4.4　其他检验项目

参照 HJ/T 80-2001 执行。对产品中可能存在的重金属、化学农药、化学合成的添加剂和干燥剂、人工激素等，在必要时委托有资质的第三方检验机构取样抽验。对于符合产地环境标准，并已经按本生产规程管理的草地，如能提供真实的书面证明材料和生产技术档案，则可以免除此项检验。

判定规则如下。

受检样品外观和感官性状中出现与正常产品有明显的不正常变色、有异味、有霉斑、夹杂有非产品类物质等情况时，直接判为不合格产品。如上述霉变等现象不明显，但有迹象显示其可能存在时，须提交有资质的第三方检验机构进行卫生指标检验。卫生指标不符合本标准要求时，则判定该批产品为不合格品。

在卫生指标合格情况下，进一步进行其他项目检验，如受检产品的重金属、化

学农药、化学合成的添加剂和干燥剂、人工激素等指标有一项不合格时，则判定产品为不合格。

受检产品检验不合格时，允许生产者书面提出异议。按 5.3.2 和 5.3.3 规定重新确定检验批次和抽样，进行复检。以复检结果为最终检验结果。

6. 认证、标志、标签、包装、贮存、运输

6.1　认证和标志

参照有机产品认证管理办法（总局令第 155 号）和 HJ/T 80-2001 执行。包装上应有明确显示“绿色”的产品标志。

6.2　标签

参照 GB 7718 规定执行。

6.3　包装、运输、贮存

参照 DB15/T 868-2021 规定执行。

（规范性附录）
绿色干草田间抽样方法

A1　抽样原则

遵循随机抽取的原则。也即，田间的某一草捆被抽中的概率与其他草捆被抽中的概率是完全相同的。

A2　抽样面积和抽样数量

同一批次抽样面积最大为 1 000hm^2。如生产田块大于此面积，需将田块划分为 2 个以上批次抽样地块。所抽取的样品，代表不同批次的草产品。

抽样面积与抽样数量见附表 1。

附表 1　抽样面积（X）与抽样数量对应表

抽样面积 X（hm^2）	X ≤ 10	10< X ≤ 100	100< X ≤ 300	300< X ≤ 500	500<X ≤ 1 000
抽样数量（捆）	≥ 7	≥ 9	≥ 15	≥ 24	≥ 30

A3　抽样路线

田间取样可参照附图 1 方式选择抽样位点，进行抽样。

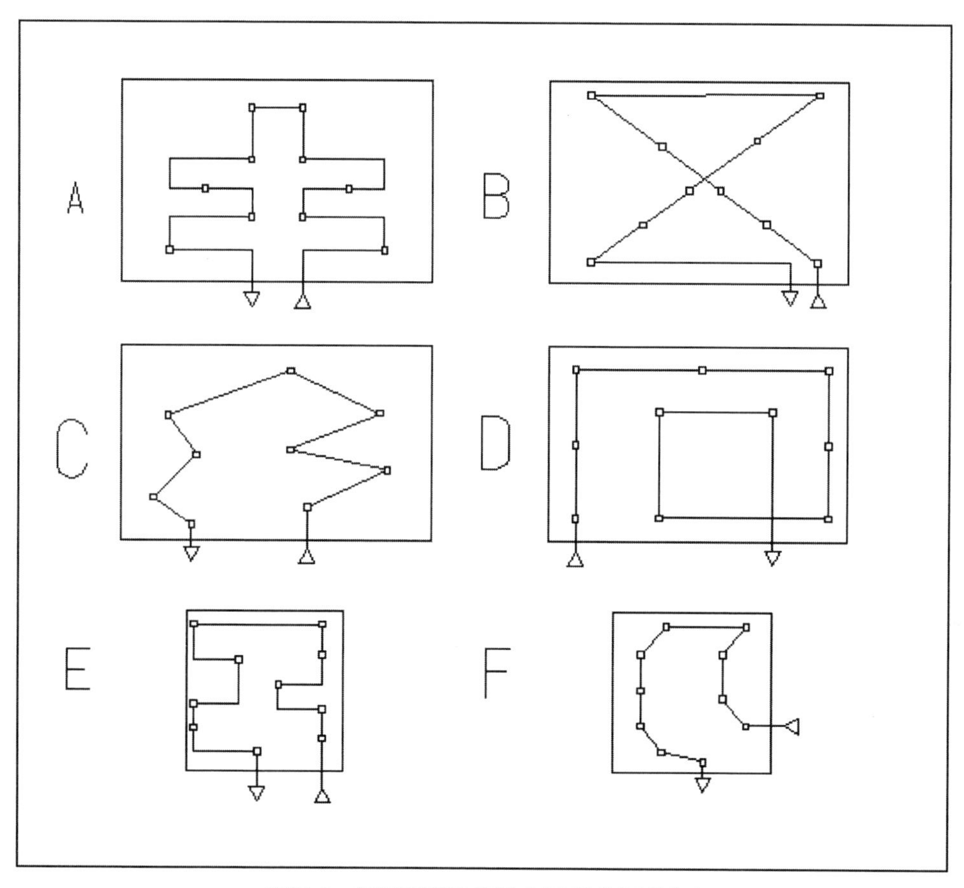

附图 1　田间取样路线图（□ 处为取样点）

A4　取样方法

按田间取样路线走到每一抽样草捆后，徒手、借助取样器，或打开草捆，抽取距草捆边部 2cm 以上距离的内部草样。每捆草取样重量不少于 200g。田间全部抽样草捆取完后总重量不少于 2 000g。

每样取完后立即封装于不透气容器中，全部取完后将所有样品充分混合均匀后至于密封的容器中。编写标签，注明产品名称，批次编号、生产日期、抽样人、抽样日期、抽样地点等信息。

A5　取样器具

可以使用徒手取样。将手深入到取样部分抓取样品。或将草捆打开后在适当部位抓取样品。

也可以借助各种取样器进行取样。取样器可以是手动的，也可以是电动的。使用取样器取样时应以取样器能够均匀地获取草捆中各种比例的成分为原则。取样过程中，不得使取样器产生过大的热量或产生油污等而影响所取样品的性质。

（规范性附录）
绿色干草仓库和料场抽样方法

B1　抽样原则

遵循随机抽取的原则。也即，仓库或料场的某一草捆被抽中的概率与其他草捆被抽中的概率是完全相同的。

B2　产品数量、重量和抽样数量

同一批次产品的最大数量为 10 000 捆，最大重量为 2 000t。 如产品数量或重量大于此两数值中相应的任一数值，需将产品根据堆放地点划分为 2 个以上批次抽样。所抽取的样品，代表不同批次的草产品。

产品数量、重量与抽样数量见附表 2。

附表 2　产品数量（X）、重量（Y）与抽样数量对应表

产品数量 X（捆）	X ≤ 50	50< X ≤ 500	500< X ≤ 2 000	2 000< X ≤ 5 000	5 000< X ≤ 10 000
产品重量 Y（t）	Y ≤ 20	20< Y ≤ 50	50< Y ≤ 200	200< Y ≤ 500	500< Y ≤ 1 000
抽样数量（捆）	≥ 5	≥ 9	≥ 15	≥ 24	≥ 30

B3　取样位点

在仓库或料场的草捆堆垛应至少有三个暴露截面（正面、侧面和上面）。在每个暴露截面上的取样点位置可参照附图 2 方式安排。 每一取样点处的取样深度应与其他点处不同。要保证位于草垛中心部位的草捆能够被取到样品。

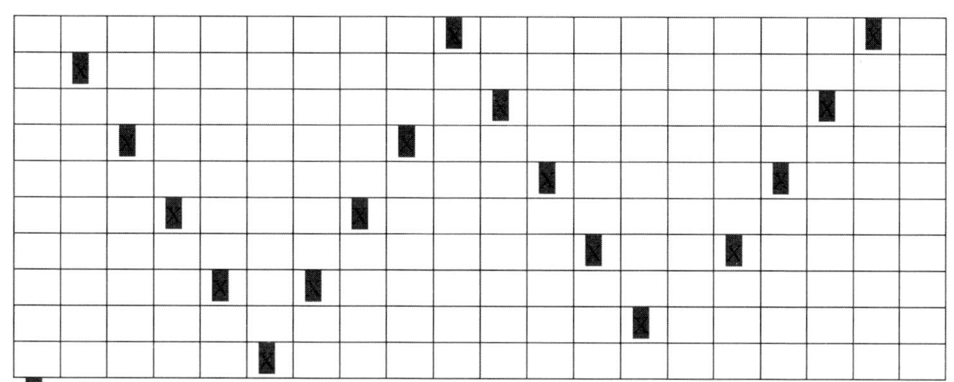

附图 2　草垛截面抽样位点图

B4　取样方法

按抽样位点图找到每一抽样位点后。徒手、借助取样器，或必要时抽出并打开草捆，抽取距草捆边部 2cm 以上距离的内部草样。每捆草取样重量不少于 100g。全部抽样草捆取完后总重量不少于 1 000g。

每抽样取完后立即封装于不透气容器中，全部取完后将所有样品充分混合均匀后至于密封的容器中。编写标签，注明产品名称，批次编号、生产日期、抽样人、抽样日期、抽样地点等信息。

B5　取样器具

可以使用各种取样器进行取样。取样器可以是手动的，也可以是电动的。使用取样器取样时应以取样器能够均匀地获取草捆中各种比例的成分为原则。取样过程中，不得使取样器产生过大的热量或产生油污等而影响所取样品的性质。

也可以使用徒手取样。将手深入到取样部分抓取样品。或将草捆打开后在适当部位抓取样品。

第六章　有机燕麦的认证

第一节　有机产品认证实施规则

有机基地的建设是有机燕麦生产中的一个过程，而产品认证才是结果，才是有机基地建设的目的。认证，由于认证单位的不同在标准掌握和程序要求上有所差异，但大同小异，差别不大。为进一步完善有机产品认证制度，规范有机产品认证活动，保证认证活动的一致性和有效性，根据《中华人民共和国认证认可条例》和《有机产品认证管理办法》（国家质检总局155号令）等法规、规章的有关规定，国家认监委对2011年发布的《有机产品认证实施规则》（国家认监委对2011年第34号公告，以下简称旧版认证实施规则）进行了修订，并将修订后的《有机产品认证实施规则》（以下简称新版认证实施规则）予以公布。国家认监委2011年第34号公告自新版公告发布之日起废止。

附件：《有机产品认证实施规则》（CNCA-N-009：2014）

编号：CNCA-N-009：2014

有机产品认证实施规则

中国国家认证认可监督管理委员会发布

1 目的和范围

1.1 为规范有机产品认证活动，根据《中华人民共和国认证认可条例》和《有机产品认证管理办法》(质检总局第155号令，下同)等有关规定制定本规则。

1.2 本规则规定了从事有机产品认证的认证机构（以下简称认证机构）实施有机产品认证活动的程序与管理的基本要求。

1.3 在中华人民共和国境内从事有机产品认证以及有机产品生产、加工、进口和销售的活动，应当遵守本规则的规定。

对从与中国国家认证认可监督管理委员会（以下简称“国家认监委”）签署了有机产品认证体系等有效备忘录或协议的国家（或地区）进口有机产品进行的认证活动，应当遵守备忘录或协议的相关规定。

1.4 遵守本规则的规定，并不意味着可免除其所承担的法律责任。

2 认证机构要求

2.1 从事有机产品认证活动的认证机构，应当具备《中华人民共和国认证认可条例》规定的条件和从事有机产品认证的技术能力，并获得国家认监委的批准。

2.2 认证机构应在获得国家认监委批准后的12个月内，向国家认监委提交可证实其具备实施有机产品认证活动符合本规则和GB/T 27065《产品认证机构通用要求》能力的证明文件。认证机构在未提交相关能力证明文件前，每个批准认证范围颁发认证证书数量不得超过5张。

2.3 认证机构应当建立内部制约、监督和责任机制，使受理、培训（包括相关增值服务）、检查和认证决定等环节相互分开、相互制约和相互监督。

2.4 认证机构不得将是否获得认证与参与认证检查的检查员及其他人员的薪酬挂钩。

3 认证人员要求

3.1 从事认证活动的人员应当具有相关专业教育和工作经历；接受过有机产品生产、加工、经营与销售管理、食品安全和认证技术等方面的培训，具备相应的知识和技能。

3.2 有机产品认证检查员应取得中国认证认可协会的执业注册资质。

3.3 认证机构应对本机构的全体认证检查员的能力做出评价，以满足实施相应认证范围的有机产品认证活动的需要。

4 认证依据

GB/T 19630《有机产品》。

5　认证程序

5.1　认证机构受理认证申请应至少公开以下信息。

5.1.1　认证资质范围及有效期。

5.1.2　认证程序和认证要求。

5.1.3　认证依据。

5.1.4　认证收费标准。

5.1.5　认证机构和认证委托人的权利与义务。

5.1.6　认证机构处理申诉、投诉和争议的程序。

5.1.7　批准、注销、变更、暂停、恢复和撤销认证证书的规定与程序。

5.1.8　对获证组织正确使用中国有机产品认证标志、认证证书和认证机构标识（或名称）的要求。

5.1.9　对获证组织正确宣传有机生产、加工过程及认证产品的要求，以及管理和控制有机认证产品销售证的要求。

5.2　认证机构受理有机产品认证申请的条件：

5.2.1　认证委托人及其相关方生产、加工的产品符合相关法律法规、质量安全、卫生技术标准及规范的基本要求。

5.2.2　认证委托人建立和实施了文件化的有机产品管理体系，并有效运行3个月以上。

5.2.3　申请认证的产品应在国家认监委公布的《有机产品认证目录》内。

5.2.4　认证委托人及其相关方在5年内未出现《有机产品认证管理办法》第四十四条所列情况。

5.2.5　认证委托人及其相关方1年内未被认证机构撤销认证证书。

5.2.6　认证委托人应至少提交以下文件和资料。

（1）认证委托人的合法经营资质文件的复印件，包括营业执照副本、组织机构代码证、土地使用权证明及合同等。

（2）认证委托人及其有机生产、加工、经营的基本情况：

① 认证委托人名称、地址、联系方式；当认证委托人不是直接从事有机产品生产、加工的农户或个体加工组织的，应当同时提交与直接从事有机产品的生产、加工者签订的书面合同的复印件及具体从事有机产品生产、加工者的名称、地址、联系方式。

② 生产单元或加工场所概况。

③ 申请认证的产品名称、品种、生产规模包括面积、产量、数量、加工量等；

同一生产单元内非申请认证产品和非有机方式生产的产品的基本信息。

④ 过去三年间的生产、加工历史情况说明材料，如植物的病虫草害防治、投入物质的使用及收获等农事活动描述；野生植物采集情况的描述；动物、水产养殖的饲养方法、疾病防治、投入物使用、动物运输和屠宰等情况的描述。

⑤ 申请和获得其他认证的情况。

（3）产地（基地）区域范围描述，包括地理位置、地块分布、缓冲带及产地周围临近地块的使用情况；加工场所周边环境（包括水、气和有无面源污染）描述、厂区平面图、工艺流程图等。

（4）有机产品生产、加工规划，包括对生产、加工环境适宜性的评价，对生产方式、加工工艺和流程的说明及证明材料，农药、肥料、食品添加剂等投入物质的管理制度，以及质量保证、标识与追溯体系建立、有机生产加工风险控制措施等。

（5）本年度有机产品生产、加工计划，上一年度销售量、销售额和主要销售市场等。

（6）承诺守法诚信，接受认证机构、认证监管等行政执法部门的监督和检查，保证提供材料真实、执行有机产品标准、技术规范及销售证管理的声明。

（7）有机生产、加工的质量管理体系文件。

（8）有机转换计划（适用时）。

（9）其他相关材料。

5.3　申请材料的审查

对符合 5.2 要求的认证委托人，认证机构应根据有机产品认证依据、程序等要求，在 10 日内对提交的申请文件和资料进行审查并作出是否受理的决定，保存审查记录。

5.3.1　审查要求如下。

（1）认证要求规定明确，并形成文件和得到理解。

（2）认证机构和认证委托人之间在理解上的差异得到解决。

（3）对于申请的认证范围，认证委托人的工作场所和任何特殊要求，认证机构均有能力开展认证服务。

5.3.2　申请材料齐全、符合要求的，予以受理认证申请；对不予受理的，应当书面通知认证委托人，并说明理由。

5.3.3　认证机构可采取必要措施帮助认证委托人及直接进行有机产品生产、加工者进行技术标准培训，使其正确理解和执行标准要求。

5.4　现场检查准备

5.4.1　根据所申请产品对应的认证范围，认证机构应委派具有相应资质和能力的检查员组成检查组。每个检查组应至少有一名相应认证范围注册资质的专职检查员，并担任检查组组长。

5.4.2　对同一认证委托人的同一生产单元，认证机构不能连续 3 年以上（含 3 年）委派同一检查员实施检查。

5.4.3　认证机构在现场检查前可向检查组下达检查任务书，应包含以下内容。

（1）检查依据，包括认证标准、认证实施规则和其他规范性文件。

（2）检查范围，包括检查的产品种类、生产加工过程和生产加工基地等。

（3）检查组组长和成员；计划实施检查的时间。

（4）检查要点，包括管理体系、追踪体系、投入物质的使用和包装标识等。

（5）上年度认证机构提出的不符合项（适用时）。

认证机构可向认证委托人出具现场检查通知书，将检查内容告知认证委托人。

5.4.4　检查组应制定书面的检查计划，经认证机构审定后交认证委托人并获得确认。

（1）检查计划应保证对生产单元的全部生产活动范围逐一进行现场检查。

对由多个农户、个体生产加工组织（如农业合作社，或“公司 + 农户”型组织）申请有机认证的，应检查全部农户和个体生产加工组织；对加工场所要逐一实施检查，需在非生产加工场所进行二次分装或分割的，应对二次分装或分割的场所进行现场检查，以保证认证产品生产、加工全过程的完整性。

（2）制定检查计划还应考虑以下因素。

① 当地有机产品与非有机产品之间的价格差异。

② 申请认证组织内的各农户间生产体系和种植、养殖品种的相似程度。

③ 往年检查中发现的不符合项。

④ 组织内部控制体系的有效性。

⑤ 再次加工分装分割对认证产品完整性的影响（适用时）。

5.4.5　现场检查时间应安排在申请认证产品的生产、加工过程或易发质量安全风险的阶段。因生产季等原因，初次现场检查不能覆盖所有申请认证产品的，应当在认证证书有效期内实施现场补充检查。

5.4.6　认证机构应当在现场检查前至少提前 5 日将认证委托人、检查通知及检查计划等基本信息登录到国家认监委网站“自愿性认证活动执法监管信息系统”。

地方认证监管部门对认证机构提交的检查方案和计划等基本信息有异议的应至少在现场检查前 2 日提出；认证机构应及时与该部门进行沟通，协调一致后方可实施现场检查。

5.5 现场检查的实施检查组应当根据认证依据要求对认证委托人建立的管理体系的符合性进行评审，核实生产、加工过程与认证委托人按照 5.2.6 条款所提交的文件的一致性，确认生产、加工过程与认证依据。

5.5.1 检查过程至少应包括以下内容。

（1）对生产、加工过程和场所的检查，如生产单元有非有机生产或加工时也应对其非有机部分进行检查。

（2）对生产、加工管理人员、内部检查员、操作者进行访谈。

（3）对 GB/T 19630.4 所规定的管理体系文件与记录进行审核。

（4）对认证产品的产量与销售量进行汇总和核算。

（5）对产品和认证标志追溯体系、包装标识情况进行评价和验证。

（6）对内部检查和持续改进进行评估。

（7）对产地和生产加工环境质量状况进行确认，评估对有机生产、加工的潜在污染风险。

（8）采集必要的样品。

（9）对上一年度提出的不符合项采取的纠正和纠正措施进行验证（适用时）。

检查组在结束检查前，应对检查情况进行总结，向受检查方和认证委托人确认检查发现的不符合项。

5.5.2 对产品的样品检测

（1）认证机构应当对申请认证的所有产品安排样品检验检测，在风险评估基础上确定需检测的项目。

认证证书发放前无法采集样品并送检的，应在证书有效期内安排检验检测，并得到检验检测结果。

（2）认证机构应委托具备法定资质的检验检测机构进行样品检测。

（3）有机生产或加工中允许使用物质的残留量应符合相关法律法规或强制性标准的规定。有机生产和加工中禁止使用的物质不得检出。

5.5.3 对产地环境质量状况的检查

认证委托人应出具有资质的监测（检测）机构对产地环境质量进行的监测（检测）报告，或县级以上环境保护部门出具的证明性材料，以证明产地的环境质量状况符合 GB/T 19630《有机产品》规定的要求。

5.5.4 对有机转换的检查

有机转换计划须事前获得认证机构认定。在开始实施转换计划后，每年须经认证机构派出的检查组核实、确认。未按转换计划完成转换并经现场检查确认的生产单元不能获得认证。未能保持有机认证的生产单元，需重新经过有机转换才能再次获得有机认证。

5.5.5　对投入品的检查

（1）有机生产或加工过程中允许使用GB/T 19630.1附录A、附录B及GB/T 19630.2附录A、附录B列出的物质。

（2）对未列入GB/T 19630.1附录A、附录B及GB/T 19630.2附录A、附录B的投入品，国家认监委可在专家评估的基础上公布有机生产、加工投入品临时补充列表。

5.5.6　检查报告

（1）认证机构应规定本机构的检查报告的基本格式。

（2）检查报告应叙述5.5.1至5.5.5列明的各项要求的检查情况，就检查证据、检查发现和检查结论逐一进行描述。

对识别出的不符合项，应用写实的方法准确、具体、清晰描述，以易于认证委托人和申请获证组织理解。不得用概念化的、不确定的、含糊的语言表述不符合项。

（3）检查报告应当随附必要的证据或记录，包括文字或照片摄像等音视频资料。

（4）检查组应通过检查记录等书面文件提供充分信息对认证委托人执行标准的总体情况作出评价，对是否通过认证提出意见建议。

（5）认证机构应将检查报告提交给认证委托人，并保留签收或提交的证据。

5.6　认证决定

5.6.1　认证机构应基于对产地环境质量的现场检查和产品检测评估的基础上作出认证决定，同时考虑产品生产、加工特点，认证委托人或直接生产加工者的管理体系稳定性，当地农兽药品的使用、环境保护和区域性社会质量诚信状况等情况。

5.6.2　对符合以下要求的认证委托人，认证机构应颁发认证证书（基本格式见附件1、附件2）。

（1）生产加工活动、管理体系及其他审核证据符合本规则和认证标准的要求。

（2）生产加工活动、管理体系及其他审核证据虽不完全符合本规则和认证依据标准的要求，但认证委托人已经在规定的期限内完成了不符合项纠正措施，并通过认证机构验证。

5.6.3　认证委托人的生产加工活动存在以下情况之一，认证机构不应批准认证。

（1）提供虚假信息，不诚信的。

（2）未建立管理体系或建立的管理体系未有效实施的。

（3）生产加工过程使用了禁用物质或者受到禁用物质污染的。

（4）产品检测发现存在禁用物质的。

（5）申请认证的产品质量不符合国家相关法律法规和（或）技术标准强制要求的。

（6）存在认证现场检查场所外进行再次加工、分装、分割情况的。

（7）一年内出现重大产品质量安全问题，或因产品质量安全问题被撤销有机产品认证证书的。

（8）未在规定的期限完成不符合项纠正和纠正措施，或提交的纠正和纠正措施未满足认证要求的。

（9）经检测（监测）机构检测（监测）证明产地环境受到污染的。

（10）其他不符合本规则和（或）有机产品标准要求，且无法纠正的。

5.6.4　申诉

认证委托人如对认证决定结果有异议，可在10日内向认证机构申诉，认证机构自收到申诉之日起，应在30日内处理并将处理结果书面通知认证委托人。

认证委托人如认为认证机构的行为严重侵害了自身合法权益，可以直接向各级认证监管部门申诉。

6　认证后的管理

6.1　认证机构应当每年对获证组织至少安排一次现场检查。认证机构应根据申请认证产品种类和风险、生产企业管理体系的稳定性、当地质量安全诚信水平总体情况等，科学确定现场检查频次及项目。同一认证的品种在证书有效期内如有多个生产季的，则每个生产季均需进行现场检查。

认证机构还应在风险评估的基础上每年至少对5%的获证组织实施一次不通知的现场检查。

6.2　认证机构应及时了解和掌握获证组织变更信息，对获证组织实施有效跟踪，以保证其持续符合认证的要求。

6.3　认证机构在与认证委托人签订的合同中，应明确约定获证组织需建立信息通报制度，及时向认证机构通报以下信息。

6.3.1　法律地位、经营状况、组织状态或所有权变更的信息。

6.3.2　获证组织管理层、联系地址变更的信息。

6.3.3　有机产品管理体系、生产、加工、经营状况、过程或生产加工场所变更的信息。

6.3.4　获证产品的生产、加工、经营场所周围发生重大动植物疫情、环境污染的信息。

6.3.5　生产、加工、经营及销售中发生的产品质量安全重要信息，如相关部门抽查发现存在严重质量安全问题或消费者重大投诉等。

6.3.6　获证组织因违反国家农产品、食品安全管理相关法律法规而受到处罚。

6.3.7　采购的原料或产品存在不符合认证依据要求的情况。

6.3.8　不合格品撤回及处理的信息。

6.3.9　销售证的使用、产品核销情况。

6.3.10　其他重要信息。

6.4　销售证

6.4.1　认证机构应制定有机认证产品销售证的申请和办理程序，要求获证组织在销售认证产品前向认证机构申请销售证（基本格式见附件 3）。

6.4.2　认证机构应对获证组织与销售商签订的供货协议的认证产品范围和数量进行审核。对符合要求的颁发有机产品销售证；对不符合要求的应当监督其整改，否则不能颁发销售证。

6.4.3　销售证由获证组织在销售获证产品时交给销售商或消费者。获证组织应保存已颁发的销售证的复印件，以备认证机构审核。

6.4.4　认证机构对其颁发的销售证的正确使用负有监督管理的责任。

7　再认证

7.1　获证组织应至少在认证证书有效期结束前 3 个月向认证机构提出再认证申请。

获证组织的有机产品管理体系和生产、加工过程未发生变更时，认证机构可适当简化申请评审和文件评审程序。

7.2　认证机构应当在认证证书有效期内进行再认证检查。

因生产季或重大自然灾害的原因，不能在认证证书有效期内安排再认证检查的，获证组织应在证书有效期内向认证机构提出书面申请说明原因。经认证机构确认，再认证可在认证证书有效期后的 3 个月内实施，但不得超过 3 个月，在此期间内生产的产品不得作为有机产品进行销售。

7.3　对超过 3 个月仍不能再认证的生产单元，应当重新进行认证。

8　认证证书、认证标志的管理

8.1　认证证书基本格式

有机产品认证证书有效期为 1 年。认证证书基本格式应符合本规则附件 1、附

件2的要求。

认证证书的编号应当从国家认监委网站“中国食品农产品认证信息系统”中获取。认证机构不得仅依据本机构编制的证书编号发放认证证书。

8.2 认证证书的变更

按照《有机产品认证管理办法》第二十八条实施。

8.3 认证证书的注销

按照《有机产品认证管理办法》第二十九条实施。

8.4 认证证书的暂停

按照《有机产品认证管理办法》第三十条实施。

8.5 认证证书的撤销

按照《有机产品认证管理办法》第三十一条实施。

8.6 认证证书的恢复

8.6.1 认证证书被注销或撤销后，认证机构不能以任何理由恢复认证证书。

8.6.2 认证证书被暂停的，需在证书暂停期满且完成对不符合项的纠正或纠正措施并确认后，认证机构方可恢复认证证书。

8.7 认证证书与标志使用

8.7.1 获得有机转换认证证书的产品只能按常规产品销售，不得使用中国有机产品认证标志以及标注“有机”“ORGANIC”等字样和图案。

8.7.2 认证证书暂停期间，认证机构应当通知并监督获证组织停止使用有机产品认证证书和标志，封存带有有机产品认证标志的相应批次产品。

8.8 认证证书被注销或撤销的，获证组织应将注销、撤销的有机产品认证证书和未使用的标志交回认证机构，或由获证组织在认证机构的监督下销毁剩余标志和带有有机产品认证标志的产品包装，必要时还应当召回相应批次带有有机产品认证标志的产品。

8.9 认证机构有责任和义务采取有效措施避免各类无效的认证证书和标志被继续使用。

对于无法收回的证书和标志，认证机构应当及时在相关媒体和网站上公布注销或撤销认证证书的决定，声明证书及标志作废。

9 信息报告

9.1 认证机构应当及时向国家认监委网站“中国食品农产品认证信息系统”填报认证活动的信息，现场检查计划应在现场检查5日前录入信息系统。

9.2 认证机构应当在10日内将暂停、撤销认证证书相关组织的名单及暂停、撤销原因等，通过国家认监委网站“中国食品农产品认证信息系统”向国家认监委和该获证组织所在地认证监管部门报告，并向社会公布。

9.3　认证机构在获知获证组织发生产品质量安全事故后，应当及时将相关信息向国家认监委和获证组织所在地的认证监管部门通报。

9.4　认证机构应当于每年3月底之前将上一年度有机认证工作报告报送国家认监委。报告内容至少包括：颁证数量、获证产品质量分析、暂停和撤销认证证书清单及原因分析等。

10　认证收费

认证机构应根据相关规定收取认证费用。

第二节　CQC有机产品认证流程

认证要靠硬指标，有机产品的生产不仅对于环境有着严格要求，认证过关更是要靠硬指标。有机产品认证的第一关，就是生产企业必须委托具备国家检测资质的实验室对土壤、灌溉水、畜禽饮用水、渔业养殖用水、加工用水等生产环境进行检测，检测合格后才能申请认证。

此外，申请认证的产品必须经过检测，有机生产或加工过程中允许使用物质的残留量应符合相关法律法规，禁止使用的物质不能检测。尤其值得一提的是，有机产品的认证并非一劳永逸，生产企业每一季度的全部产品，都需检测合格后才能获得认证。

根据《有机产品认证实施规则》（具体见本章第一节附件）的有关规定，中国质量认证中心（CQC）的认证流程主要有以下步骤（图6-1）。

1. 申请

申请者向认证中心提出正式申请，填写申请表，签订有机产品认证合同，填写有机产品认证基本情况汇总表，领取认证书面资料清单，申请者承诺书等文件，申请者按《有机产品》GB/T 19630.1-4-2011要求建立“有机质量管理体系、过程控制体系、追踪体系”。

2. 考察基地和现场检查

中心根据申请者提供的项目情况，确定检查时间，一般检查2次：初评1次、现场检查1次。

3. 签订有机产品认证合同

（1）申请者与认证中心签订认证合同，一式两份。

（2）向申请者提供有机认证所需材料的清单。

（3）申请者交纳认证所需费用。

（4）指定内部检查员。

（5）所有材料均使用书面文件、电子文档各一份，寄或 E-mail 给认证中心。

4. 申请评审

（1）中心技术推广部组织专家对申请者提交材料进行评审；对申请者进行综合审查。

（2）做出受理或不受理意见。

5. 文件审核

申请者提交审核所需的文审材料（资料清单中所列的除原始记录以外的其他材料）后，中心审核部指派检查组长，并向申请者下达有机产品认证检查任务通知书，检查组长做出文审结论。

6. 实地检查评估

（1）认证中心确认申请者认证所需费用。

（2）派出有机产品检查组实地检查。

（3）检查组取得申请者文件材料，依据《有机产品》GB/T 19630.1-4-2011，对申请者的质量管理体系、生产过程控制体系、追踪体系以及产地环境、生产、仓储、运输、贸易等进行评估，必要时需对产品取样检测。

7. 编写检查报告

（1）检查组完成检查后，按认证中心要求编写检查报告。

（2）该报告在检查完成 1 周内将申请者文件材料、文档资料、电子文本交中心审核部。

8. 审查评估

中心审核部根据申请者提供的基本情况汇总表和相关材料及检查组长的检查报告进行综合审核评估，编制颁证评估表，提出评估意见交技术委员会审议。

9. 技术委员会决议

技术委员会定期召开技术委员会专家会议，对申请者基本情况调查表和检查组的检查报告及颁证评估意见等材料进行全面审查，做出颁证决议。

10. 颁发证书

根据技术委员会决议，认证中心向符合条件的申请者颁发证书，获得有条件颁证的申请者要按认证中心提出的意见改进并做出书面承诺。

11. 有机产品标志使用

根据《有机产品认证管理办法》和《有机产品认证实施规则》办理有机产品标志使用手续。

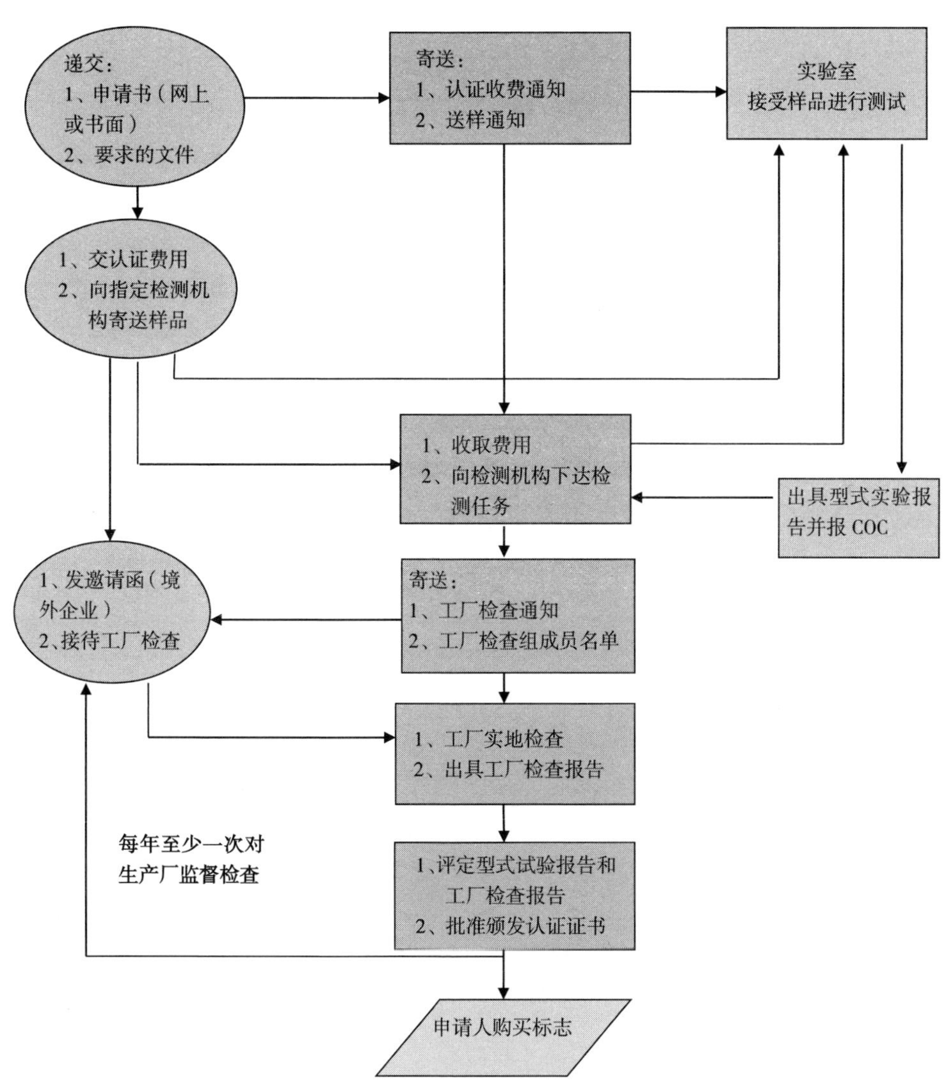

图 6-1　有机产品认证流程图（认证产品类别的不同，认证流程会有所不同）

注：3C 标志向认监委“3C 标志发放管理中心”申请；CQC 标志向 CQC 申请

第三节 CQC 有机认证标识

从有机转换产品到有机认证产品，都是按照国家有机产品标准进行生产和加工的。根据国家有机产品标准规定，一年生作物的转换期一般不少于 24 个月，多年生作物的转换期一般不少于 36 个月。有机转换产品表明生产该产品的基地已经在按照国家有机产品标准进行管理，但尚没有完成规定的转换时段，尚不能被认证为有机产品。国家有机产品标准规定，有机转换产品要使用有机转换产品标志，见图 6–2；有机认证产品使用有机产品标志见图 6–3。

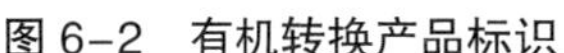
图 6–2　有机转换产品标识

图 6–3　有机产品标识

真正的有机产品，一般要经过 2~3 年的转换期，在此期间的产品不能称有机产品，只能称“有机转换产品”，因此消费者在市场上会看到有机转换标志的产品。自 2014 年 4 月 1 日实施的《有机产品认证管理办法》，将取消有机转换认证标志。但有机转换认证仍然存在，有机产品获得认证前仍然要经过 2~3 年的转换期，转换期产品只能作为常规产品销售，这与欧盟、北美等国际上现行的情况是一致的。这项规定意味着今后中国市场上只会出现有机产品，有机转换产品将不再出现，这将有利于消费者对有机产品概念进行统一识别，避免了混淆和误导消费者的可能性。

第四节 CQC 有机燕麦认证所需申请文件清单（种植）

向中国质量认证中心（简称 CQC）申请有机产品认证的企业，要填写提交的文件清单如下。

1. CQC 的《CQC 认证申请书》

具体填报内容见本章第五节。

2. CQC 的《CQC 有机产品认证调查表》

具体填报内容见本章第六节。

3. 申请单位基本情况资料（可以为复印件）

（1）申请人的合法经营资质文件（如营业执照等）。

（2）申请者合法的土地使用证或合法的经营证明文件（土地租赁须提供租赁或承包合同）。

（3）如是合作项目，请提供各方签署的合作协议。

（4）基地与农户之间的有机种植合同书及农户清单（其中须包括农户姓名、地块号、地块面积、种植作物品种等内容）（适用时）。

（5）新开垦的土地必须出具政府的开发批复和过去三年内未使用违禁物质的情况证明。

（6）通过其他认证机构认证的项目，提供证书或认证结果通知书或检查员报告。

（7）被其他认证机构拒绝认证的，提交导致被拒绝认证的有关内容和其他有关信息。

4. 基地环境情况资料（可以为复印件）

（1）有机生产基地场所的位置图，该图至少应标明如下内容。

① 主要种植物 / 生产区域的地块详图。

② 所有河流、水井和其他水源。

③ 相邻土地及边界土地的利用情况。

④ 畜禽检疫隔离区域（如果有）。

⑤ 加工、包装车间；原料、成品仓库及相关设备的分布。

⑥ 生产基地内能够表明该基地位置的主要标示物。

（2）基地 5km 范围内的行政图，并标明周边工业污染源位置。

（3）灌溉水的检测报告。

（4）土壤检测报告。

（5）大气检测报告。

5. 质量管理体系文件（可以为复印件）

申请企业必须建立有机产品生产和加工管理体系，编制《有机产品生产管理手册》，并保证文件为最新有效，该手册至少应包括如下内容。

（1）申请单位的简介。

（2）企业的有机生产经营方针和目标。

（3）组织机构图及其相关人员的责任和权限。

（4）有机产品生产、经营实施计划。

（5）内部检查（包括企业有机生产管理者及内部检查员的资源配置）。

（6）跟踪审查。

（7）记录管理。

（8）客户申、投诉的处理。

6. 有机产品生产规程（可以为复印件）

有机生产经营者应制定详细的生产规程，至少应包括以下内容。

（1）作物栽培等有机产品生产的操作规程（若涉及轮作，需提供轮作计划）。

（2）禁止有机产品与转换期产品及非有机产品相互混杂，以及防止有机生产、加工和贸易过程中受禁用物质污染的规程。

（3）作物收获和收获后运输、加工、贮存等各道工序的管理规程。

（4）出入库及贸易管理规程。

（5）机械设备的维修、清扫规程。

（6）员工福利和劳动保护规程。

（7）标志、标签及批次号的管理规程。

7. 有机生产经营记录（可以为复印件）

有机生产经营者应建立并保持记录，至少包括以下内容。

（1）农事生产原始记录。

（2）土地、作物种植的历史记录及最后一次使用禁用物质的时间及使用量。

（3）堆肥记录，包括堆肥的原料来源、比例、类型、堆制方法和使用量。

（4）种子种苗的种类、来源、数量等。

（5）病虫草害防治记录：包括使用物质的名称、成分、来源、使用方法和使用量等。

（6）收获记录。

（7）产品产量记录。

（8）产品的出入库记录。

（9）销售记录。

（10）运输记录。

（11）人员培训记录。

（12）内部检查记录。

（13）标识使用记录。

（14）所有收到的客户或公众对产品或生产体系的投诉记录。

（15）产品召回记录。

（16）所有投入品的购买发票和产品销售发票。

（17）其他能追溯产品生产活动过程的记录。

8. 证明文件（可以为复印件）

（1）产品检测报告。

（2）种子种苗非转基因证明。

（3）种子种苗未经有机生产禁用物质处理的证明。

（4）有机生产管理者资质证明材料（如毕业证、学位证、培训证书等）。

（5）技术人员和内部检查员资格证明材料（如资格证书、毕业证、培训证书等）。

（6）购买有机肥证明文件（产品说明书、检测报告等，若为经有机认证，提供有机证书复印件）。

（7）购买植保产品证明文件（产品说明书，若经有机认证，提供有机证书复印件）。

（8）农用膜成分说明标签。

（9）申请认证产品的各类包装袋（箱）及包装标签实物样品、复印件或照片。

（10）生产中使用的其他各种生产资料的证明文件（购买单据、产品说明）。

第五节　CQC 认证申请书

申请编号 Application No：

CQC 认证申请书
（有机产品）

Application for the CQC Certification（Organic Products）

申请者名称：________________________

（Name of Applicant）

申请日期 Date：

认证类别 Certificate Sort：　☐ 有机 Organic

☐ 有机转换 Conversion to Organic

中国质量认证中心

China Quality Certification Centre

填 表 说 明

1. 申请认证：每个产品填报申请书一式一份，申报资料1套。CQC/13OR01.02《有机产品认证调查表》随本申请表一同上报。

2. 本申请书填写内容应准确完整，字迹清晰，不得涂改。申报资料按CQC/13OR01.02《有机产品认证申请书》附件的要求报送申请资料，申请资料应有目录页码，用A4纸打印。

3. 申请编号、农场或工厂编号由受理部门填写。

4. 种植/养殖基地或地点：填写详细的种植/养殖基地，地址详细到村，如有多处种植/养殖地点，应详细列出（可附表）。

5. 生产规模：以亩、头、只、羽、万尾等为单位。

6. 种植/养殖历史：指该品种/种类在当地的人工种植/养殖历史。单位为年。

7. 国内年需求量：以吨为单位，为预计量。如供出口，应同时注明年出口量。

8. 联系电话号码前标明所在地区长途电话区号。

9. 如所填内容申请人不存在或不适用，请填“无”或“不适用”。

1. 申请人 /Applicant

1.1 申请人名称 /Name of Applicant：______________________

1.2 申请人地址、邮编 /Address and postal code of Applicant：

____

1.3 联系人 /Person to be contacted：______________________

1.4 电话 /Telephone：__________ 手机 /Mobile Telephone：__________

传真 /Fax：__________ 电子邮件 /E-mail：__________

2. 代理机构或中国办事处名称，联系人姓名，地址，邮编，电子邮件、电话及传真 /Name of Agent or office in China，its contact person，Address，Post Code，E-mail，Tel.No.& Fax No.：______________________

____

3. 生产基地 /Production Base

3.1 基地名称 /Name of Production Base：______________________

3.2 基地地址、邮编 /Address and post code of Production Base：__________

____

3.3 联系人 /Person to be contacted：______________________

3.4 电话 /Telephone：__________ 手机 /Mobile Telephone：__________

传真 /Fax：__________ 电子邮件 /E-mail：__________

4. 加工厂 /Processing factory

4.1 加工厂名称 /Name of Processing factory：______________________

4.2 加工厂地址、邮编 /Address and post code of Processing factory：__________

____

4.3 联系人 /Person to be contacted：______________________

4.4 电话 /Telephone：__________ 手机 /Mobile Telephone：__________

传真 /Fax：__________ 电子邮件 /E-mail：__________

5. 产品种类 / Product Sort：

□ 5.1 种植 /Crops

□ 作物种植 /Crop Production

□ 食用菌栽培 / Mushroom production

□ 野生植物采集 /Wild plant collection

□ 5.2　养殖 /Livestock ：

□ 畜禽养殖 / Livestock and Poultry production

□ 水产养殖 / Aquaculture

□ 蜜蜂和蜂产品 / Beekeeping and Beekeeping products

□ 5.3　加工 / Processing

□ 作物产品 /Crop Products

□ 野生采集产品 /Products from wild plant collection

□ 畜禽产品 / Livestock and Poultry Products

□ 水产品 / Aquaculture Products

□ 蜂产品 / Beekeeping Products

□ 纺织品 / Textile

□ 5.4　其他 / others

6. 申请认证产品名称、规模 /name and scale of products

	产品名称[①] Name of the product	规模（亩 / 头 / 只 / 箱）/Production Scale	产量（t）Output	包装和规格 Model and specification	商标 mark
1					
2					
3					
4					
5					
6					
7					
8					
9					
10					

注：[①]如产品较多，请另附表格

我们声明将遵守中国质量认证中心的认证规则和程序，支付认证所需的认证检查等费用；中国质量认证中心将不承担获得产品合格认证的制造厂或销售商应承担的任何法律责任。

We declare that we will follow the rules and procedures of the CQC and make payment for the fees arising from the inspection and other services.

授权人签字（盖章）/Authorized signatory________________________

年（Y） 月（M） 日（D）

注：1. 请将申请书及附件所需资料邮寄 CQC 产品认证七部或 CQC 分支机构；
2. 公开文件或申 / 投诉等信息可通过 CQC 网站获取；
3. 如同时申请 GAP 认证，继续填写 GAP 认证申请书。

以上各项内容填写空间不够，可另加附页。CQC 承诺对申请者提交的所有文件资料内容保密。

申请人承诺

（1）始终遵守认证方案的有关规定；

（2）为进行评价作出必要的安排，包括为审查文件所做的准备，开放所有的区域、记录（包括内部检查报告）和准备相应人员，以实施评价（例如检测、检查、评审、监督、复评）和解决投诉；

（3）仅在获得认证的范围方面作出有关认证的声明；

（4）在使用产品认证结果时，其方式不得损害 CQC 的声誉、不得做使（中国质量认证中心）认为可能误导或未经授权有关产品认证的声明；

（5）当认证被暂停或撤销时，应立即停止使用包含产品认证内容的所有广告，并按 CQC 要求交回所有认证文件；

（6）使用认证结果仅表明产品经认证符合特定标准；

（7）应保留文件和记录以证实符合性，文件应保留五年以上；

（8）确保不以误导的方式使用或部分使用认证证书或报告；

（9）在文件、宣传册或广告等传播媒体中，对产品认证内容的引用，应符合CQC的要求；

（10）确保有机产品生产、加工、经营质量管理体系持续有效，持续按照有机产品认证标准生产、加工、经营，规范投入品使用以持续符合国家法规、标准的规定要求；

（11）如果申请认证的产品、经营场所等发生变化时，需要向CQC重新提交新的申请材料；

（12）自提交有机认证申请材料之日起，将严格按照国家有机标准要求进行生产。

申请人/授权人签字：

日期：

第六节 CQC 有机产品认证调查表

（种植产品）

申请者名称：________________________________

法人代表（签字/盖章）：________________________

填 表 人：________________________________

申请日期：__________年__________月__________日

中国质量认证中心

填 表 说 明

本表无法人（负责人）签字、盖章及填表人签字无效；
复制表无法人（负责人）签字、盖章及内部检查员签字无效；
本表涂改无效；
本表应打印或用黑墨水正楷填写，否则不予受理；
本表应加盖申请人公章后有效；
本表交付后不再受理补充修改说明材料；
本表所需内容如不适合申请人，请注明“无”或“不适用”；
可附页说明相关情况，但需在相应内容标明（如见 **）；
如有疑问，请与认证机构联系。

1 农场基本情况

1.1 基地名称、地址

基地名称	地址	种植产品

1.2 执行的有机产品标准有 □ GB/T 19630 □欧盟 □美国 □日本

1.3 是否通过以下认证：□食品安全管理体系认证 □ HACCP 认证 □ GAP 认证

□ ISO 9001 质量管理体系认证 □其他认证：________________

1.4 本次申请认证的总面积：______________ 亩；

1.5 已获有机认证的作物及面积________________________（第____年）；

已获转换认证的作物及面积________________________（转换期自___年___月___日起，如转换期不同，请说明不同产品的转换期时间）；

常规种植作物及面积________________________

1.6 最近一次认证的认证机构名称：__________认证年份：________是否有不符合项 □是 □否（若有，请简述不符合项内容：____）

1.7 基地开始种植作物的时间：________；该基地按照有机生产方式种植时间

1.8 是否存在平行生产？ □是 □否

如是，是否有相应的平行生产控制措施或文件 □是 □否

1.9 简述申请有机认证地块近三年种植历史和收获管理情况（如产品、面积、产品及收获时间等）：________________________

1.10 最后一次使用禁用物质的情况

地块编号	禁用物质名称 （肥料 / 农药 / 其他）	每亩使用量	使用的日期	使用理由

在生产过程中是否接受过有机农业技术人员的指导： □ 是 □否

如是，请提供姓名、详细地址和联系电话：

姓 名	职务/职称	工作单位	联系电话

1.11　按有机农业方式生产存在的主要问题及解决方法：

____

____

1.12　简单描述本年度主要农事活动：________________

____

1.13　适用时采用什么轮作、间套作方式？____________

____

是否对生产基地或其周边进行过环境评估　□是　　□否

是否有环境评估报告　□是　　□否

是否对基地土壤进行过检测　□是　　□否　检测时间：

是否对基地灌溉水进行过检测　□是　　□否　检测时间：

申请认证的产品是否有检测报告：□是　　□否

a. 检测日期________________________________

b. 出具检测报告的检测机构名称________________

2．农场基本条件

2.1　是否存在影响环境质量的因素（如水土流失、风沙侵蚀、树木过度采伐、水资源缺乏、化学物质污染、空气污染、水体富营养化等）□是　　□否，如是，请说明原因：________________________________

____

2.2　作物灌溉水源：

□ 雨水　　□ 河水　　□ 地下水　　□ 其他水源：____________

2.3　灌溉方式：________________________________

2.4　有机地块与常规地块之间有无缓冲带：　□ 有　　□ 无

如果有，请详细说明（如物理屏障或一定距离的隔离带）：____________

____

____

2.5　简述当地生态系统特征（如工矿企业、交通主干道、河流、森林、公园等）：________________________________

3. 种子和种苗

种子 / 种苗名称	来源	是否基因工程产品	是否经过化学物质或辐射处理（如果是，请说明所用的物质和方法）

4. 病虫草害防治

4.1 过去 3 年病虫草害防治情况，请填写附表 1

4.2 在有机种植过程中，如何防治上述病虫草害？

病害防治方法：____________________

虫害防治方法：____________________

草害防治方法：____________________

5. 土壤管理

5.1 土壤肥力状况：□ 较差 □ 一般 □ 较高

5.2 土壤培肥措施：____________________

____

____

5.3 肥料名称和来源

肥料名称	来源	是否获得有机产品认证

5.4 过去三年是否使用土壤改良剂：□ 是 □ 否

如果是，请填写土壤改良剂名称和使用方法：

6. 食用菌

6.1 菌种来源：

6.2 使用何种基质及其来源：

6.3 简述对杂菌及虫害的管理措施：

7. 野生采集

7.1　采集区合法性说明（如国有、集体所有、租赁、承包等）:＿＿＿＿＿＿＿＿

＿＿＿＿＿＿＿＿＿＿＿＿＿＿＿＿＿＿＿＿＿＿＿＿＿＿＿＿＿＿＿＿＿＿＿

7.2　采集区域及采集产品名称:＿＿＿＿＿＿＿＿＿＿＿＿＿＿＿＿＿＿＿＿＿

7.3 是否向采集者和相关代理商（中间商 / 分包方）明确了相关要求（如明确采集的区域、采集的产品、采集时间、采集卫生和产品质量要求、认证标准等）:
□是　　□否

7.4　采集者是否签署了关于遵守相关要求的声明:　□是　　□否

7.5　采集是否影响当地生态环境影响?　　□是　　□否

如否，请说明采集方法及生态保护措施:＿＿＿＿＿＿＿＿＿＿＿＿＿＿＿＿＿

＿＿＿＿＿＿＿＿＿＿＿＿＿＿＿＿＿＿＿＿＿＿＿＿＿＿＿＿＿＿＿＿＿＿＿

7.6　野生产品的采集是否具备可持续?　　□是　　□否

如是，请说明原因及可持续采集的措施:＿＿＿＿＿＿＿＿＿＿＿＿＿＿＿＿＿

＿＿＿＿＿＿＿＿＿＿＿＿＿＿＿＿＿＿＿＿＿＿＿＿＿＿＿＿＿＿＿＿＿＿＿

7.7　是否能提供近三年内当地行业部门出具的野生区域有害生物控制措施及未使用禁用投入品的证明:　□是　　□否

7.8　野生产品采集后的处理方式及方法:＿＿＿＿＿＿＿＿＿＿＿＿＿＿＿＿＿

＿＿＿＿＿＿＿＿＿＿＿＿＿＿＿＿＿＿＿＿＿＿＿＿＿＿＿＿＿＿＿＿＿＿＿

7.9　采集区域内最大年采集量＿＿＿吨，并简要说明可能影响采集量的因素:

＿＿＿＿＿＿＿＿＿＿＿＿＿＿＿＿＿＿＿＿＿＿＿＿＿＿＿＿＿＿＿＿＿＿＿

8. 收获、包装和贮存和销售

8.1　收获方式:　□人工　□机械　　　　□其他方式:＿＿＿＿＿＿

8.2　包装方法:＿＿＿＿＿＿＿＿＿＿＿＿＿＿＿＿＿＿＿＿＿＿＿＿＿＿＿＿

＿＿＿＿＿＿＿＿＿＿＿＿＿＿＿＿＿＿＿＿＿＿＿＿＿＿＿＿＿＿＿＿＿＿＿

8.3　是否自有专门的产品贮存仓库:　□是　　□否

如果有，请列出仓库个数，贮存能力，见下表:

仓库编号	贮存能力（t）	贮存有机作物量（t）	贮存常规作物量（t）

8.4　是否租用仓库：　□是　　□否

如果是，请详细说明租用仓库情况（数量、储存能力、租用时间、是否签署合同）：________________

____

8.5　如果仓库同时贮存有机和常规作物，是否有把有机和常规作物区分开的措施：　□有　　□无

8.6　贮存过程中有哪些主要有害生物及防治措施：________________

____

8.7　产品主要销售区域、各区域销售量、主要销售商：

产品主要销售区域及销售量：________________

主要销售商名称：________________

9. 质量负责人 / 内部检查员情况

姓名	管理者 / 质量负责人 / 内部检查员 / 技术员	学　历	所 学 专 业	是否经过有机生产方面的培训

申请人代表签章：

日期：

注：申请人代表应为所填写的信息的准确性负责。

附表 1　过去三年病虫草害防治情况

地块编号	1 年				2 年				3 年			
	病虫草名称	防治方法	农药使用量	防治时间	病虫草名称	防治方法	农药使用量	防治时间	病虫草名称	防治方法	农药使用量	防治时间

第七节　要求引用达到的标准附件

附件 1　有机产品认证标准

第 1 部分：生产

1　范围

GB/T 19630 的本部分规定了农作物、食用菌、野生植物、畜禽、水产、蜜蜂及其未加工产品的有机生产通用规范和要求。

本部分适用于有机生产的全过程，主要包括：作物种植、食用菌栽培、野生植物采集、畜禽养殖、水产养殖、蜜蜂养殖及其产品的运输、贮藏和包装。

2　规范性引用文件

下列文件中的条款通过 GB/T 19630 的本部分的引用而成为本部分的条款。凡是注日期的引用文件，其随后所有的修改单（不包括勘误的内容）或修订版均不适用于本部分，然而，鼓励根据本部分达成协议的各方研究是否可使用这些文件的最新版本。凡是不注日期的引用文件，其最新版本适用于本部分。

GB 3095—1996《环境空气质量标准》

GB 5084《农田灌溉水环境质量标准》

GB 5749《生活饮用水卫生标准》

GB 9137《保护农作物的大气污染物最高允许浓度》

GB 11607《渔业水质标准》

GB 15618-1995《土壤环境质量标准》

GB 18596《畜禽养殖业污染物排放标准》

3　术语和定义

下列术语和定义适用于 GB/T 19630 的本部分。

3.1 有机农业 organic agriculture

遵照一定的有机农业生产标准，在生产中不采用基因工程获得的生物及其产物，不使用化学合成的农药、化肥、生长调节剂、饲料添加剂等物质，遵循自然规律和生态学原理，协调种植业和养殖业的平衡，采用一系列可持续发展的农业技术以维持持续稳定的农业生产体系的一种农业生产方式。

3.2 有机产品 organic product

生产、加工、销售过程符合本部分的供人类消费、动物食用的产品。

3.3 常规 conventional

生产体系及其产品未获得有机认证或未开始有机转换认证。

3.4 转换期 conversion

从按照本标准开始管理至生产单元和产品获得有机认证之间的时段。

3.5 平行生产 parallel production

在同一农场中，同时生产相同或难以区分的有机、有机转换或常规产品的情况，称之为平行生产。

3.6 缓冲带 buffer zone

在有机和常规地块之间有目的设置的、可明确界定的用来限制或阻挡邻近田块的禁用物质漂移的过渡区域。

3.7 投入品 input

指在有机生产过程中采用的所有物质或材料。

3.8 顺势治疗 homeopathic treatment

一种疾病治疗体系，通过将某种物质系列稀释后使用来治疗疾病，而这种物质若未经稀释在健康动物上大量使用时能引起类似于所欲治疗疾病的症状。

3.9 生物多样性 biological diversity

地球上生命形式和生态系统类型的多样性，包括基因的多样性、物种的多样性和生态系统的多样性。

3.10 转基因生物 GMOs

通过基因工程技术导入某种基因的植物、动物、微生物。

3.11 允许使用 allowed (permitted)

本部分许可使用的物质或方法。

3.12 限制使用 restricted

本部分允许有条件地使用的物质或方法。

3.13 禁止使用 prohibited

本部分不允许使用的物质或方法。

4 作物种植

4.1 总则

4.1.1 农场范围

农场应边界清晰、所有权和经营权明确；也可以是多个农户在同一地区从事农业生产，这些农户都愿意根据本标准开展生产，并且建立了严密的组织管理体系。

4.1.2 产地环境要求

有机生产需要在适宜的环境条件下进行。有机生产基地应远离城区、工矿区、交通主干线、工业污染源、生活垃圾场等。

基地的环境质量应符合以下要求。

a. 土壤环境质量符合 GB 15618—1995 中的二级标准。

b. 农田灌溉用水水质符合 GB 5084 的规定。

c. 环境空气质量符合 GB 3095—1996 中二级标准和 GB 9137 的规定。

4.1.3 缓冲带和栖息地

如果农场的有机生产区域有可能受到邻近的常规生产区域污染的影响，则在有机和常规生产区域之间应当设置缓冲带或物理障碍物，保证有机生产地块不受污染。以防止临近常规地块的禁用物质的漂移。

在有机生产区域周边设置天敌的栖息地，提供天敌活动、产卵和寄居的场所，提高生物多样性和自然控制能力。

4.1.4 转换期

转换期的开始时间从提交认证申请之日算起。一年生作物的转换期一般不少于24 个月转换期，多年生作物的转换期一般不少于 36 个月。

新开荒的、长期撂荒的、长期按传统农业方式耕种的或有充分证据证明多年未使用禁用物质的农田，也应经过至少 12 个月的转换期。

转换期内必须完全按照有机农业的要求进行管理。

4.1.5 平行生产

如果一个农场存在平行生产，应明确平行生产的动植物品种，并制订和实施了平行生产、收获、储藏和运输的计划，具有独立和完整的记录体系，能明确区分有机产品与常规产品（或有机转换产品）。

农场可以在整个农场范围内逐步推行有机生产管理，或先对一部分农场实施有机生产标准，制订有机生产计划，最终实现全农场的有机生产。

4.1.6　转基因

禁止在有机生产体系或有机产品中引入或使用转基因生物及其衍生物，包括植物、动物、种子、成分划分、繁殖材料及肥料、土壤改良物质、植物保护产品等农业投入物质。存在平行生产的农场，常规生产部分也不得引入或使用转基因生物。

4.2　作物种植

4.2.1　种子和种苗选择

应选择有机种子或种苗。当从市场上无法获得有机种子或种苗时，可以选用未经禁用物质处理过的常规种子或种苗，但应制订获得有机种子和种苗的计划。

应选择适应当地的土壤和气候特点、对病虫害具有抗性的作物种类及品种。在品种的选择中应充分考虑保护作物的遗传多样性。

禁止使用经禁用物质和方法处理的种子和种苗。

4.2.2　作物栽培

应采用作物轮作和间套作等形式以保持区域内的生物多样性，保持土壤肥力。

在一年只能生长一茬作物的地区，允许采用两种作物的轮作。

禁止连续多年在同一地块种植同一种作物，但牧草、水稻及多年生作物除外。

应根据当地情况制定合理的灌溉方式（如滴灌、喷灌、渗灌等）控制土壤水分。

应利用豆科作物、免耕或土地休闲进行土壤肥力的恢复。

4.2.3　土肥管理

应通过回收、再生和补充土壤有机质和养分来补充因作物收获而从土壤带走的有机质和土壤养分。

保证施用足够数量的有机肥以维持和提高土壤的肥力、营养平衡和土壤生物活性。

有机肥应主要源于本农场或有机农场（或畜场）；遇特殊情况（如采用集约耕作方式）或处于有机转换期或证实有特殊的养分需求时，经认证机构许可可以购入一部分农场外的肥料。外购的商品有机肥，应通过有机认证或经认证机构许可。

限制使用人粪尿，必须使用时，应当按照相关要求进行充分腐熟和无害化处理，并不得与作物食用部分接触。禁止在叶菜类、块茎类和块根类作物上施用。

天然矿物肥料和生物肥料不得作为系统中营养循环的替代物，矿物肥料只能作为长效肥料并保持其天然组分，禁止采用化学处理提高其溶解性。

有机肥堆制过程中允许添加来自于自然界的微生物，但禁止使用转基因生物及其产品。

在土壤培肥过程中允许使用和限制使用的物质见附录A。使用附录A未列入的物质时，应由认证机构按照附录D的准则对该物质进行评估。

在有理由怀疑肥料存在污染时，应在施用前对其重金属含量或其他污染因子进行检测。应严格控制矿物肥料的使用，以防止土壤重金属累积。

在有理由怀疑肥料存在污染时，应在施用前对其污染因子进行检测。

检测合格的肥料，应限制使用量，以防土壤有害物质累积。

禁止使用化学合成肥料和城市污水污泥。

4.2.4　病虫草害防治

病虫草害防治的基本原则应是从作物—病虫草害整个生态系统出发，综合运用各种防治措施，创造不利于病虫草害滋生和有利于各类天敌繁衍的环境条件，保持农业生态系统的平衡和生物多样化，减少各类病虫草害所造成的损失。优先采用农业措施，通过选用抗病抗虫品种，非化学药剂种子处理，培育壮苗，加强栽培管理，中耕除草，秋季深翻晒土，清洁田园，轮作倒茬、间作套种等一系列措施起到防治病虫草害的作用。还应尽量利用灯光、色彩诱杀害虫，机械捕捉害虫，机械和人工除草等措施，防治病虫草害。

以上方法不能有效控制病虫害时，允许使用附录B所列出的物质。使用附录B未列入的物质时，应由认证机构按照附录D的准则对该物质进行评估。

4.2.5　污染控制

有机地块与常规地块的排灌系统应有有效的隔离措施，以保证常规农田的水不会渗透或漫入有机地块。

常规农业系统中的设备在用于有机生产前，应得到充分清洗，去除污染物残留。

在使用保护性的建筑覆盖物、塑料薄膜、防虫网时，只允许选择聚乙烯、聚丙烯或聚碳酸酯类产品，并且使用后应从土壤中清除。禁止焚烧，禁止使用聚氯类产品。

有机产品的农药残留不能超过国家食品卫生标准相应产品限值的5%，重金属含量也不能超过国家食品卫生标准相应产品的限值。

4.2.6　水土保持和生物多样性保护

应采取积极的、切实可行的措施，防止水土流失、土壤沙化、过量或不合理使用水资源等，在土壤和水资源的利用上，应充分考虑资源的可持续利用。

应采取明确的、切实可行的措施，预防土壤盐碱化。

提倡运用秸秆覆盖或间作的方法避免土壤裸露。

应重视生态环境和生物多样性的保护。

应重视天敌及其栖息地的保护。

充分利用作物秸秆，禁止焚烧处理。

5　食用菌栽培

5.1　场地和环境

直接与常规农田毗邻的食用菌栽培区必须设置大于30m的缓冲带，以避免禁用物质的影响。在培养场地和周围禁止使用化学合成农药。水源应符合GB 5749的要求。

5.2　菌种

应尽可能采用经认证的有机菌种，并可以清楚的追溯菌种的来源。

5.3　栽培

应采用有机生产或天然材料的基质。

覆土栽培食用菌生产中所使用的土壤，其要求与作物生产的土壤要求相同。

木料和接种位使用的涂料应是食用级的产品，禁止使用石油炼制的涂料、乳胶漆和油漆等。

5.4　害虫和杂菌

5.4.1　应采用预防性的管理措施，保持清洁卫生，进行适当的空气交换，去除受感染的菌簇。

5.4.2　在非栽培期，允许使用低浓度氯溶液对培养场地进行淋洗消毒。

5.4.3　允许采用设置物理障碍物及调节温、湿度或石灰水等手段防治有害生物。

6　野生植物采集

6.1　野生植物采集区域应当边界清晰，并处于稳定和可持续的生产状态。

6.2　野生植物采集区应是在采集之前的三年中没有受到任何禁用物质污染的地区。

6.3　野生植物采集区应保持有效的缓冲带。

6.4　采集活动不得对环境产生不利影响或对动植物物种造成威胁，采集量不得超过生态系统可持续生产的产量。

6.5　应制订和提交有机野生植物采集区可持续生产的管理方案。

7 运输、贮藏和包装通则

7.1 运输

7.1.1 混杂使用的运输工具在装载有机产品前应清洗干净。

7.1.2 在运输工具及容器上，应设立专门的标志和标识，避免与常规产品混杂。

7.1.3 在运输和装卸过程中，外包装上应当贴有清晰的有机认证标志及有关说明。

7.1.4 运输和装卸过程应当有完整的档案记录，并保留相应的票据，保持有机生产的完整性。

7.2 贮藏

仓库应清洁卫生、无有害生物，无有害物质残留，7d 内未经任何禁用物质处理过。

允许使用常温贮藏、气调、温度控制、干燥和湿度调节等贮藏方法。

有机产品尽可能单独贮藏，与常规产品共同贮藏，应在仓库内划出特定区域，并采取必要的包装、标签等措施，确保有机产品和常规产品的识别。

应保留完整的出入库记录和票据。

7.3 包装

包装材料应符合国家卫生要求和相关规定；提倡使用可重复、可回收和可生物降解的包装材料。

包装应简单、实用。

禁止使用接触过禁用物质的包装物或容器。

附录 A　有机作物种植允许使用的土壤培肥和改良物质（规范性附录）

表 A.1　有机作物种植允许使用的土壤培肥和改良物质

物质类别		物质名称、组分和要求	使用条件
Ⅰ.植物和动物来源	有机农业体系内	作物秸秆和绿肥	
		畜禽粪便及其堆肥（包括圈肥）	
	有机农业体系以外	秸秆	与动物粪便堆制并充分腐熟后
		畜禽粪便及其堆肥	满足堆肥的要求
		干的农家肥和脱水的家畜粪便	满足堆肥的要求
		海草或物理方法生产的海草产品	未经过化学加工处理
		来自未经化学处理木材的木料、树皮、锯屑、刨花、木灰、木炭及腐殖酸物质	地面覆盖或堆制后作为有机肥源
		未掺杂防腐剂的肉、骨头和皮毛制品	经过堆制或发酵处理后
		蘑菇培养废料和蚯蚓培养基质的堆肥	满足堆肥的要求
		不含合成添加剂的食品工业副产品	应经过堆制或发酵处理后
		草木灰	
		不含合成添加剂的泥炭	禁止用于土壤改良；只允许作为盆栽基质使用
		饼粕	不能使用经化学方法加工的
		鱼粉	未添加化学合成的物质
Ⅱ.矿物来源	磷矿石		应当是天然的，应当是物理方法获得的，五氧化二磷中镉含量小于等于 90mg/kg
	钾矿粉		应当是物理方法获得的，不能通过化学方法浓缩。氯的含量少于 60%
	硼酸岩		
	微量元素		天然物质或来自未经化学处理、未添加化学合成物质
	镁矿粉		天然物质或来自未经化学处理、未添加化学合成物质
	天然硫黄		
	石灰石、石膏和白垩		天然物质或来自未经化学处理、未添加化学合成物质
	黏土（如珍珠岩、蛭石等）		大然物质或来自未经化学处理、未添加化学合成物质
	氯化钙、氯化钠		
	窑灰		未经化学处理、未添加化学合成物质
	钙镁改良剂		
	泻盐类（含水硫酸岩）		
Ⅲ.微生物来源	可生物降解的微生物加工副产品，如酿酒和蒸馏酒行业的加工副产品		
	天然存在的微生物配制的制剂		

附录 B　有机作物种植允许使用的植物保护产品和措施（规范性附录）

表 B.1　有机作物种植允许使用的植物保护产品物质和措施

物质类别	物质名称、组分要求	使用条件
Ⅰ. 植物和动物来源	印楝树提取物（Neem）及其制剂	
	天然除虫菊（除虫菊科植物提取液）	
	苦楝碱（苦木科植物提取液）	
	鱼藤酮类（毛鱼藤）	
	苦参及其制剂	
	植物油及其乳剂	
	植物制剂	
	植物来源的驱避剂（如薄荷、熏衣草）	
	天然诱集和杀线虫剂（如万寿菊、孔雀草）	
	天然酸（如食醋、木醋和竹醋等）	
	蘑菇的提取物	
	牛奶及其奶制品	
	蜂蜡	
	蜂胶	
	明胶	
	卵磷脂	
Ⅱ. 矿物来源	铜盐（如硫酸铜、氢氧化铜、氯氧化铜、辛酸铜等）	不得对土壤造成污染
	石灰硫黄（多硫化钙）	
	波尔多液	
	石灰	
	硫黄	
	高锰酸钾	
	碳酸氢钾	
	碳酸氢钠	
	轻矿物油（石蜡油）	
	氯化钙	
	硅藻土	
	黏土（如：斑脱土、珍珠岩、蛭石、沸石等）	
	硅酸盐（硅酸钠，石英）	

附录B（续）

物质类别	物质名称、组分要求	使用条件
Ⅲ.微生物来源	真菌及真菌制剂（如白僵菌、轮枝菌）	
	细菌及细菌制剂（如苏云金杆菌，即BT）	
	释放寄生、捕食、绝育型的害虫天敌	
	病毒及病毒制剂（如：颗粒体病毒等）	
Ⅳ.其他	氢氧化钙	
	二氧化碳	
	乙醇	
	海盐和盐水	
	苏打	
	软皂（钾肥皂）	
	二氧化硫	
Ⅴ.诱捕器、屏障、驱避剂	物理措施（如色彩诱器、机械诱捕器等）	
	覆盖物（网）	
	昆虫性外激素	
	四聚乙醛制剂	

附录 C　评估有机生产中使用其他物质的准则
（资料性附录）

在附录 A 和附录 B 涉及有机农业中用于培肥和植物病虫害防治的产品不能满足要求的情况下，可以根据本附录描述的评估准则对有机农业中使用除附录 A 和附录 B 以外的其他物质进行评估。

C.1　原则

C.1.1　土壤培肥和土壤改良允许使用的物质

C.1.1.1　为达到或保持土壤肥力或为满足特殊的营养要求，而为特定的土壤改良和轮作措施所必需的，本标准附录 A 和本标准概述的方法所不可能满足和替代的物质。

C.1.1.2　该物质来自植物、动物、微生物或矿物，并允许经过如下处理。

a. 物理（机械，热）处理。

b. 酶处理。

c. 微生物（堆肥，消化）处理。

C.1.1.3　经可靠的试验数据证明该物质的使用应不会导致或产生对环境的不能接受的影响或污染，包括对土壤生物的影响和污染。

C.1.1.4　该物质的使用不应对最终产品的质量和安全性产生不可接受的影响。

C.1.2　控制植物病虫草害所允许使用的物质表时使用

C.1.2.1　该物质是防治有害生物或特殊病害所必需的，而且除此物质外没有其他生物的、物理的方法或植物育种替代方法和（或）有效管理技术可用于防治这类有害生物或特殊病害。

C.1.2.2　该物质（活性化合物）源自植物、动物、微生物或矿物，并可经过以下处理。

a. 物理处理。

b. 酶处理。

c. 微生物处理。

C.1.2.3　有可靠的试验结果证明该物质的使用应不会导致或产生对环境的不能接

受的影响或污染。

C.1.2.4 如果某物质的天然形态数量不足，可以考虑使用与该自然物质的性质相同的化学合成物质，如化学合成的外激素（性诱剂），但前提是其使用不会直接或间接造成环境或产品污染。

C.2 评估程序

C.2.1 必要性

只有在必要的情况下才能使用某种投入物质。投入某物质的必要性可从产量、产品质量、环境安全性、生态保护、景观、人类和动物的生存条件等方面进行评估。

某投入物质的使用可限制于：

a. 特种农作物（尤其是多年生农作物）。

b. 特殊区域。

c. 可使用该投入物质的特殊条件。

C.2.2 投入物质的性质和生产方法

C.2.2.1 投入物质的性质

投入物质的来源一般应来源于（按先后选用顺序）：

a. 有机物（植物、动物、微生物）。

b. 矿物。

可以使用等同于天然产品的化学合成物质。

在可能的情况下，应优先选择使用可再生的投入物质。其次应选择矿物源的投入物质，而第三选择是化学性质等同天然产品的投入物质。在允许使用化学性质等同的投入物质时需要考虑其在生态上、技术上或经济上的理由。

C.2.2.2 生产方法

投入物质的配料可以经过以下处理。

a. 机械处理。

b. 物理处理。

c. 酶处理。

d. 微生物作用处理。

e. 化学处理（作为例外并受限制）。

C.2.2.3 采集

构成投入物质的原材料采集不得影响自然生境的稳定性，也不得影响采集区内任何物种的生存。

C.2.3 环境安全性

投入物质不得危害环境或对环境产生持续的负面影响。投入物质也不应造成对地面水、地下水、空气或土壤的不可接受的污染。应对这些物质的加工、使用和分解过程的所有阶段进行评价。

必须考虑投入物质的以下特性。

C.2.3.1 可降解性

所有投入物质必须可降解为二氧化碳、水和（或）其矿物形态。

对非靶生物有高急性毒性的投入物质的半衰期最多不能超过 5d。

对作为投入的无毒天然物质没有规定的降解时限要求。

C.2.3.2 对非靶生物的急性毒性

当投入物质对非靶生物有较高急性毒性时，需要限制其使用。应采取措施保证这些非靶生物的生存。可规定最大允许使用量。如果无法采取可以保证非靶生物生存的措施，则不得使用该投入物质。

C.2.3.3 长期慢性毒性

不得使用会在生物或生物系统中蓄积的投入物质，也不得使用已经知道有或怀疑有诱变性或致癌性的投入物质。如果投入这些物质会产生危险，应采取足以使这些危险降至可接受水平和防止长时间持续负面环境影响的措施。

C.2.3.4 化学合成产品和重金属

投入物质中不应含有致害量的化学合成物质（异生化合制品）。仅在其性质完全与自然界的产品相同时，才可允许使用化学合成的产品。

投入的矿物质中的重金属含量应尽可能地少。由于缺乏代用品以及在有机农业中已经被长期、传统地使用，铜和铜盐目前尚是一个例外。但任何形态的铜在有机农业中的使用应视为临时性允许使用，并且就其环境影响而言，应限制使用。

C.2.4 对人体健康和产品质量的影响

C.2.4.1 人体健康

投入物质必须对人体健康无害。应考虑投入物质在加工、使用和降解过程中的所有阶段的情况，应采取降低投入物质使用危险的措施，并制定投入物质在有机农业中使用的标准。

C.2.4.2 产品质量

投入物质对产品质量（如味道，保质期和外观质量等）不得有负面影响。

C.2.5 伦理方面——动物生存条件

投入物质对农场饲养的动物的自然行为或机体功能不得有负面影响。

C.2.6　社会经济方面

消费者的感官：投入的物质不应造成有机产品的消费者对有机产品的抵触或反感。消费者可能会认为某投入物质对环境或人体健康是不安全的，尽管这在科学上可能尚未得到证实。投入物质的问题（例如基因工程问题）不应干扰人们对天然或有机产品的总体感觉或看法。

第2部分：加工

1　范围

GB/T 19630 的本部分规定了有机加工的通用规范和要求。

本部分适用于以 GB/T 19630.1 生产的未加工产品为原料进行加工及包装、贮藏和运输的全过程。

本部分有机纺织品的适用范围为棉花或蚕丝纤维材料的制品。

2　规范性引用文件

下列文件中的条款通过 GB/T 19630 的本部分的引用而成为本部分的条款。凡是注日期的引用文件，其随后所有的修改单（不包括勘误的内容）或修订版均不适用于本部分，然而，鼓励根据本标准达成协议的各方研究是否可使用这些文件的最新版本。凡是不注日期的引用文件，其最新版本适用于本部分。

GB 2760《食品添加剂使用卫生标准》

GB 4287《纺织染整工业水污染物排放标准》

GB 5749《生活饮用水卫生标准》

GB 14881-1994《食品企业通用卫生规范》

GB/T 18885-2002《生态纺织品技术要求》

GB/T 19630.1-2005《有机产品》第1部分：生产

3　术语和定义

下列术语和定义适用于 GB/T 19630 的本部分。

3.1　配料 ingredient

在制造或加工食品时使用的，并存在（包括改变性的形式存在）于产品中的任何物质，包括食物添加剂。

3.2 食品添加剂 food additives

为改善食品品质和色、香、味、形、营养价值，以及为防腐和加工工艺的需要而加入食品中的化学合成或天然物质。

3.3 加工助剂 food processing aids

本身不作为产品配料用，仅在加工、配料或处理过程中，为实现某一工艺目的而使用的物质或物料（不包括设备和器皿）。

3.4 离子辐照 ionizing irradiation

放射性核素（如钴 60 和铯 137）的辐照，用于控制食品中的微生物、寄生虫和害虫，从而达到保存食品或抑制诸如发芽或成熟等生理过程的目的。

4 要求

4.1 总则

4.1.1 应当对本部分所涉及的有机加工及其后续全过程进行有效控制，以保持加工的有机完整性。

4.1.2 有机食品加工的工厂应符合 GB 14881-1994 的要求，其他加工厂应符合国家及行业部门有关规定。

4.2 加工厂环境

4.2.1 周围不得有粉尘、有害气体、放射性物质和其他扩散性污染源；不得有垃圾堆、粪场、露天厕所和传染病医院；不得有昆虫大量滋生的潜在场所。

4.2.2 生产区建筑物与外缘公路或道路应有防护地带。

4.2.3 应制订文件化的卫生管理计划，并提供以下几方面的卫生保障。

a. 外部设施（垃圾堆放场、旧设备存放场地、停车场等）。

b. 内部设施（加工、包装和库区）。

c. 加工和包装设备（防止酵母菌、霉菌和细菌污染）。

d. 职工的卫生（餐厅、工间休息场所和厕所）。

4.3 配料、添加剂和加工助剂

4.3.1 加工所用的配料必须是经过认证的有机原料、天然的或认证机构许可使用的。这些有机配料在终产品中所占的重量或体积不得少于配料总量的 95%。

4.3.2 当有机配料无法满足需求时，允许使用非人工合成的常规配料，但不得超过所有配料总量的 5%。一旦有条件获得有机配料时，应立即用有机配料替换。使用了非有机配料的加工厂都应提交将其配料转换为 100% 有机配料的计划。

4.3.3　同一种配料禁止同时含有有机、常规或转换成分。

4.3.4　作为配料的水和食用盐，必须符合国家食品卫生标准，并且不计入 4.3.1 所要求的有机配料中。

4.3.5　允许使用附录 A 中的添加剂和加工助剂，使用条件应符合 GB 2760 的规定。GB 2760 中的天然添加剂也可使用。需使用其他物质时，应事先按照附录 B 中的程序对该物质进行评估。

4.3.6　禁止使用矿物质（包括微量元素）、维生素、氨基酸和其他从动植物中分离的纯物质，法律规定必须使用或可证明食物或营养成分中严重缺乏的例外。

4.3.7　禁止使用来自转基因的配料、添加剂和加工助剂。

4.4　加工

4.4.1　有机加工应配备专用设备，如果必须与常规加工共用设备，则在常规加工结束后必须进行彻底清洗，并不得有清洗剂残留。也可在有机转换或常规产品加工结束、有机产品加工开始前，先用少量有机原料进行加工将残存在设备里的前期加工物质清理出去（即冲顶加工）。冲顶加工的产品不能作为有机产品销售。冲顶加工应保留记录。

4.4.2　加工工艺应不破坏食品的主要营养成分，可以使用机械、冷冻、加热、微波、烟熏等处理方法及微生物发酵工艺；可以采用提取、浓缩、沉淀和过滤工艺，但提取溶剂仅限于符合国家食品卫生标准的水、乙醇、动植物油、醋、二氧化碳、氮或羧酸，在提取和浓缩工艺中不得添加其他化学试剂。

4.4.3　加工用水水质必须符合 GB 5749 的规定。

4.4.4　禁止在食品加工和贮藏过程中采用离子辐照处理。

4.4.5　禁止在食品加工中使用石棉过滤材料或可能被有害物质渗透的过滤材料。

4.5　有害生物防治

4.5.1　应优先采取以下管理措施来预防有害生物的发生。

a. 消除有害生物的滋生条件。

b. 防止有害生物接触加工和处理设备。

c. 通过对温度、湿度、光照、空气等环境因素的控制，防止有害生物的繁殖。

4.5.2　允许使用机械类的、信息素类的、气味类的、黏着性的捕害工具、物理障碍、硅藻土、声光电器具，作为防治有害生物的设施或材料。

4.5.3　允许使用以维生素 D 为基本有效成分的杀鼠剂。

4.5.4　允许使用 GB/T 19630.1–2005 附录 B 中的物质。

4.5.5　在加工或储藏场所遭受有害生物严重侵袭的紧急情况下，提倡使用中草药进行喷雾和熏蒸处理；限制使用硫黄。如果应使用常规熏蒸剂对加工设备或储藏场所实施熏蒸，则应先将有机产品移出熏蒸场所，熏蒸后至少经过 5d 才可将有机产品移回经过熏蒸的场所。禁止使用持久性和致癌性的消毒剂和熏蒸剂。

4.6 包装

4.6.1 提倡使用由木、竹、植物茎叶和纸制成的包装材料，允许使用符合卫生要求的其他包装材料。

4.6.2 包装应简单、实用，避免过度包装，并应考虑包装材料的回收利用。

4.6.3 允许使用二氧化碳和氮作为包装填充剂。

4.6.4 禁止使用含有合成杀菌剂、防腐剂和熏蒸剂的包装材料。

4.6.5 禁止使用接触过禁用物质的包装袋或容器盛装有机产品。

4.7 储藏

4.7.1 经过认证的产品在贮存过程中不得受到其他物质的污染。

4.7.2 储藏产品的仓库必须干净、无虫害，无有害物质残留，在最近 5d 内未经任何禁用物质处理过。

4.7.3 除常温储藏外，允许以下储藏方法。

a. 储藏室空气调控。

b. 温度控制。

c. 干燥。

d. 湿度调节。

4.7.4 有机产品应单独存放。如果不得不与常规产品共同存放，必须在仓库内划出特定区域，采取必要的包装、标签等措施确保有机产品不与非认证产品混放。

4.7.5 产品出入库和库存量必须有完整的档案记录，并保留相应的单据。

4.8 运输

4.8.1 运输工具在装载有机产品前应清洗干净。

4.8.2 有机产品在运输过程中应避免与常规产品混杂或受到污染。

4.8.3 在运输和装卸过程中，外包装上的有机认证标志及有关说明不得被玷污或损毁。

4.8.4 运输和装卸过程必须有完整的档案记录，并保留相应的单据。

4.9 环境影响

4.9.1 废弃物的净化和排放设施或贮存设施应远离生产区，且不得位于生产区上风向。贮存设施应密闭或封盖，便于清洗、消毒。

4.9.2 排放的废弃物必须达到相应标准。

4.10　纺织品

4.10.1　原料

a. 纺织品的纤维原料应该是 100% 的有机原料。

b. 在原料加工成纤维的过程中，应尽可能减少对环境的影响。

c. 纺织品中的非纺织原料，在生产、使用和废弃物的处理过程中，不应对环境和人类造成危害。

4.10.2　加工

a. 在纺织品加工过程中应采用最佳的生产方法，使其对环境的影响程度降至最小。

b. 禁止使用对人体和环境有害的物质，使用的任何助剂均不得含有致癌、致畸、致突变、致敏性的物质，对哺乳动物的毒性口服 LD_{50} 大于 2 000mg/kg。

c. 禁止使用已知为易生物积累的和不易生物降解的物质。

d. 在纺织品加工过程中能耗应最小化，尽可能使用可再生能源。

e. 如果在工艺或设备上将有机加工和常规加工分离会对环境或经济造成显著不利的影响，而不分离不会导致有机纺织品与常规加工过程中使用的循环流体（如碱洗、上浆、漂洗等工序）接触的风险，则允许有机和常规工艺不分离，但加工单位必须保证有机纺织品不受禁用物质污染。

f. 加工单位应采用有效的污水处理工艺，确保排水中污染物浓度不超过 GB4287 的规定。

g. 在初次获得有机认证的当年，应制订出生产过程中的环境管理改善计划。

h. 煮茧过程或洗毛过程所用的表面活性剂应该选择易生物降解的种类。

i. 浆液应易于降解或至少有 80% 可得到循环利用。

j. 在丝光处理工艺中，允许使用氢氧化钠或其他的碱性物质，但应最大限度地循环利用。

k. 纺织油和编织油（针油）应选用易生物降解的或由植物提取的油剂。

l. 4.2 关于加工厂卫生、4.5 关于有害生物防治、4.6 关于贮藏、4.7 关于运输和 4.8 关于包装的规定适用于纺织品加工。4.3 关于配料、食品添加剂和加工助剂的规定不适用于纺织品加工。

4.10.3　染料和染整

a. 应使用植物源或矿物源的染料。

b. 禁止使用 GB/T 18885-2002 中规定的不允许使用的有害染料及物质，如对人体和环境有害的有毒芳胺、含氯酚、杀虫剂、有机氯载体、PVC 增塑剂、禁用阻燃剂等。

c. 允许使用天然的印染增稠剂。

d. 允许使用易生物降解的软化剂。

e. 禁止使用含有会在污水中形成有机卤素化合物的物质进行印染设备的清洗。

f. 染料中的重金属类含量不得超过表 1 中的指标。

表 1　染料中重金属类含量指标

金属名称	指标（mg/kg）	金属名称	指标（mg/kg）	金属名称	指标（mg/kg）
锑	50	砷	50	钡	100
铅	100	镉	20	铬	100
铁	2500	铜	250	锰	1000
镍	200	汞	4	硒	20
银	100	锌	1500	锡	250

4.10.4　制成品

a. 辅料（如衬里、装饰物、纽扣、拉链、缝线等）必须使用对环境无害的材料，尽量使用天然材料。

b. 制成品加工过程（如砂洗、水洗）不得使用对人体及环境有害的助剂。

c. 制成品中有害物质含量不得超过 GB/T 18885-2002 的规定。

附录 A 有机食品加工中允许使用的非农业源配料及添加剂（规范性附录）

A.1 非农业源食品添加剂和加工助剂

表 A.1 非农业源食品添加剂和加工助剂列表

序号	物质名称	说明	国际标号 INS
1	琼脂	增稠剂。用于各类食品	406
2	阿拉伯胶	增稠剂。用于饮料、巧克力、冰淇淋、果酱	414
3	碳酸钙	膨松剂、添加剂和加工助剂。用于面粉，30mg/kg[a]）	170
4	氯化钙	凝固剂。用于豆制品	509
5	氢氧化钙	玉米面的添加剂和糖加工助剂	526
6	硫酸钙（天然）	稳定剂、凝固剂。用于面粉、豆制品	516
7	活性炭	加工助剂	
8	二氧化碳	防腐剂、加工助剂，应是非石油制品。用于碳酸饮料、汽酒类	290
9	柠檬酸	酸度调节剂，应是碳水化合物经微生物发酵的产物。用于各类食品	330
10	膨润土（皂土、斑脱土）	澄清或过滤助剂	
11	高岭土	澄清或过滤助剂	559
12	硅藻土	过滤助剂	
13	乙醇	溶剂	
14	乳酸	酸度调节剂，不能来自转基因生物。用于各类食品	270
15	氯化镁（天然）	稳定和凝固剂，用于豆制品	
16	苹果酸	酸度调节剂，不能是转基因产品。用于各类食品	296
17	氮气	用于食品保存，仅允许使用非石油来源的不含石油级的	941
18	珍珠岩	过滤助剂	
19	碳酸钾	酸度调节剂，仅在不能使用天然碳酸钠的情况下允许使用。用于面食制品	501
20	氯化钾	用于矿物质饮料、运动饮料、低钠盐酱油、低钠盐	508
21	柠檬酸钾	酸度调节剂，用于各类食品	332
22	碳酸钠	酸度调节剂，用于面制食品、糕点	500

（续表）

序号	物质名称	说明	国际标号 INS
23	柠檬酸钠	酸度调剂剂，用于各类食品	331
24	酒石酸	酸度调节剂，用于各类食品	334
25	黄原胶	增稠剂，用于果冻、花色酱汁	415
26	二氧化硫	漂白剂，用于葡萄酒、果酒	220
27	亚硫酸氢钾（焦亚硫酸钾）	漂白剂，用于啤酒	224
28	抗坏血酸（维生素C）	抗氧化剂，用于啤酒、发酵面制品	300
29	卵磷脂	抗氧化剂	322
30	磷酸铵	加工助剂	
31	果胶	增稠剂。用于各类食品	440
32	碳酸镁	加工助剂，用于面粉加工	504
33	氢氧化钠	酸度调节剂，加工助剂	524
34	二氧化硅	抗结剂，用于蛋粉、奶粉、可可粉、可可脂、糖粉、植物性粉末、速溶咖啡、粉状汤料、粉状香精	551
35	滑石粉	加工助剂	553
36	明胶	增稠剂，用于各类食品	
37	海藻酸钠	增稠剂，用于各类食品	401
38	海藻酸钾	增稠剂，用于各类食品	402
39	碳酸氢铵	膨松剂，用于需添加膨松剂的各类食品	503
40	氩	用于食品保存	938
41	蛋清蛋白	加工助剂	
42	瓜尔胶	增稠剂。用于各类食品	412
43	槐豆胶	增稠剂。用于果冻、果酱、冰淇淋	410
44	氧气	加工助剂	948
45	酒石酸氢钾	膨松剂，用于发酵粉	336
46	丹宁酸	酒类过滤助剂	184
47	卡拉胶	增稠剂，用于各类食品	407
48	巴西棕榈蜡	加工助剂	903
49	酪蛋白	加工助剂	
50	云母（滑石）	加工助剂（填充剂）	
51	植物油	加工助剂	

[a] 该数值为 GB 2760 中规定的该物质的最大使用量。对没有标明最大使用量的物质，则按生产需要适量使用

A.2　调味品

a. 香精油：以油、水、酒精、二氧化碳为溶剂通过机械和物理方法提取的天然香料。

b. 天然烟熏味调味品。

c. 天然调味品：须根据附录 B 评估添加剂和加工助剂的准则来评估认可。

A.3　微生物制品

a. 天然微生物及其制品：基因工程生物及其产品除外。

b. 发酵剂：生产过程未使用漂白剂和有机溶剂。

A.4　其他配料

a. 饮用水。

b. 食盐。

c. 矿物质（包括微量元素）和维生素：法律规定必须使用，或有确凿证据证明食品中严重缺乏时才可以使用。

附录 B　评估有机食品添加剂和加工助剂的准则
（资料性附录）

附录 A 所列的允许使用的食品添加剂和加工助剂不能涵盖所有符合有机生产原则的物质。当某种物质未被列入附录 A 时，认证机构应根据以下准则对该物质进行评估，以确定其是否适合在有机食品加工中使用。

B.1　必要性

每种添加剂和加工助剂只有在必需时才允许在有机食品生产中使用，并且应遵守如下原则。

a. 遵守产品的有机真实性。

b. 没有这些添加剂和加工助剂，产品就无法生产和保存。

B.2　核准添加剂和加工助剂的条件

添加剂和加工助剂的核准应满足如下条件。

a. 没有可用于加工或保存有机产品的其他可接受的工艺。

b. 添加剂或加工助剂的使用应尽量起到减少因采用其他工艺可能对食品造成的物理或机械损坏。

c. 采用其他方法，如缩短运输时间或改善贮存设施，仍不能有效保证食品卫生。

d. 天然来源物质的质量和数量不足以取代该添加剂或加工助剂。

e. 添加剂或加工助剂不危及产品的有机完整性。

f. 添加剂或加工助剂的使用不会给消费者留下一种印象，似乎最终产品的质量比原料质量要好，从而使消费者感到困惑。这主要涉及但不限于色素和香料。

g. 添加剂和加工助剂的使用不应有损于产品的总体品质。

B.3　使用添加剂和加工助剂的优先顺序

B.3.1　应优先选择如下方案以替代添加剂或加工助剂的使用。

a. 按照有机认证标准的要求生产的作物及其加工产品，而且这些产品不需要添加其他物质，例如作增稠剂用的面粉或作为脱模剂用的植物油。

b. 仅用机械或简单的物理方法生产的植物和动物来源的食品或原料，如盐。

B.3.2　第二选择是：

a. 用物理方法或用酶生产的单纯食品成分，例如淀粉、酒石酸盐和果胶。

b. 非农业源原料的提纯产物和微生物，例如金虎尾（acerola）果汁、酵母培养物等酶和微生物制剂。

B.3.3　在有机食品中不允许使用以下种类的添加剂和加工助剂。

a. 与天然物质“性质等同的”物质。

b. 基本判断为非天然的或为“食品成分新结构”的合成物质，如乙酰交联淀粉。

c. 用基因工程方法生产的添加剂或加工助剂。

d. 合成色素和合成防腐剂。

添加剂和加工助剂制备中使用的载体和防腐剂也必须考虑在内。

第3部分：标识与销售

1　范围

GB/T 19630.3 的本部分规定了有机产品标识和销售的通用规范及要求。

本部分适用于按 GB/T 19630.1、GB/T 19630.2 生产或加工并获得认证的产品的标识和销售。

2　规范性引用文件

下列文件中的条款通过 GB/T 19630 的本部分的引用而成为本部分的条款。凡是注日期的引用文件，其随后所有的修改单（不包括勘误的内容）或修订版均不适用于本部分，然而，鼓励根据本部分达成协议的各方研究是否可使用这些文件的最新版本。凡是不注日期的引用文件，其最新版本适用于木部分。

GB/T 19630.1《有机产品》第 1 部分：生产

GB/T 19630.2《有机产品》第 2 部分：加工

GB/T 19630.4《有机产品》第 4 部分：管理体系

3　术语和定义

下列术语和定义适用于 GB/T 19630 的本部分。

3.1 标识 labeling

在销售的产品上、产品的包装上、产品的标签上或者随同产品提供的说明性材料上，以书写的、印刷的文字或者图形的形式对产品所作的标示。

3.2 认证标志 certification mark

证明产品生产或者加工过程符合有机标准并通过认证的专有符号、图案或者符号、图案以及文字的组合。

3.3 销售 marketing

批发、直销、展销、代销、分销、零售或以其他任何方式将产品投放市场的活动。

4 标识通则

4.1 有机产品应当按照国家有关法律法规、标准的要求进行标识。

4.2 “有机”术语和中国有机产品认证标志只能用于按照 GB/T 19630.1、GB/T 19630.2 和 GB/T 19630.4 的要求生产和加工的有机产品的标识，除非“有机”表述的意思与本标准完全无关。

4.3 未获得有机产品认证的产品，不能使用有机产品认证标志。

4.4 标识中的文字、图形或符号等应清晰、醒目。图形、符号应直观、规范。文字、图形、符号的颜色与背景色或底色应为对比色。

4.5 标识的文字应使用国家规定的规范汉字。可同时使用相应的汉语拼音、外文或少数民族文字，但汉语拼音、外文或少数民族文字的字体大小应不大于相应的汉字。

4.6 进口有机产品的标识和有机产品认证标志也应符合本标准的规定。

4.7 用于出口的产品，根据国外有机标准或国外合同购货商要求生产的产品，可以根据该国家或合同购货商的有机产品标识要求进行标识。

5 产品的标识要求

5.1 按有机产品国家标准生产并获得有机产品认证的产品，方可在产品名称前标识“有机”，在产品或者包装上加施中国有机产品认证标志并标注认证机构的标识或者认证机构的名称。

5.2 有机配料含量等于或者高于 95%并获得有机产品认证的加工产品，方可在产品名称前标识“有机”，在产品或者包装上加施中国有机产品认证标志并标注认证机构的标识或者认证机构的名称。

5.3　有机配料含量等于或者高于95%并获得有机转换产品认证的加工产品，方可在产品名称前标识“有机转换”，在产品或者包装上加施中国有机转换产品认证标志并标注认证机构的标识或者认证机构的名称。认证机构的标识不能含有误导消费者将有机转换产品作为有机产品的内容。

5.4　有机配料含量低于95%、等于或者高于70%的加工产品，可在产品名称前标识“有机配料生产”，并应注明获得认证的有机配料的比例。

5.5　有机配料含量低于95%、等于或者高于70%的加工产品，有机配料为转换期产品的，可在产品名称前标识“有机转换配料生产”，并应注明获得认证的有机转换配料的比例。

5.6　有机配料含量低于70%的加工产品，只能在产品配料表中将某种获得认证的有机配料标识为“有机”，并应注明有机配料的比例。

5.7　有机配料含量低于70%的加工产品，有机配料为转换期产品的，只能在产品配料表中将某种获得认证的配料标识为“有机转换”，并注明有机转换配料的比例。

6　有机配料百分比的计算

6.1　对于固体形式的有机产品，其有机配料百分比按照式（1）计算：

$$\text{有机配料百分比}=\frac{\text{产品中有机配料的总重量（不包括水和食盐）}}{\text{产品总重量（不包括水和食盐）}}\times 100\% \qquad (1)$$

6.2　对于液体形式的有机产品，其有机配料百分比按照式（2）计算（对于由浓缩物经重新组合制成的，应在配料和产品成品浓缩物的基础上计算其有机配料的百分比）：

$$\text{有机配料百分比}=\frac{\text{产品中有机配料的总体积（不包括水和食盐）}}{\text{产品总体积（不包括水和食盐）}}\times 100\% \qquad (2)$$

6.3　对于包含固体和液体形式的有机产品，其有机配料百分比按照式（3）计算：

$$\text{有机配料百分比}=\frac{\text{产品中有机配料的总重量（不包括水和食盐）}}{\text{产品总重量（不包括水和食盐）}}\times 100\% \qquad (3)$$

6.4　有机配料的百分比均应四舍五入取整。

7　中国有机产品认证标志

7.1　中国有机产品认证标志和中国有机转换产品认证标志仅用于按照有机产品国家标准生产或者加工并经认证机构认证的相应的有机产品或者有机转换产品。

7.2　中国有机产品认证标志和中国有机转换产品认证标志的图形与颜色要求如图

1、图 2 所示。

7.3 印制的中国有机产品认证标志和中国有机转换产品认证标志应当清楚、明显。

7.4 印制在获证产品标签、说明书及广告宣传材料上的中国有机产品认证标志和中国有机转换产品认证标志，可以按比例放大或者缩小，但不得变形、变色。

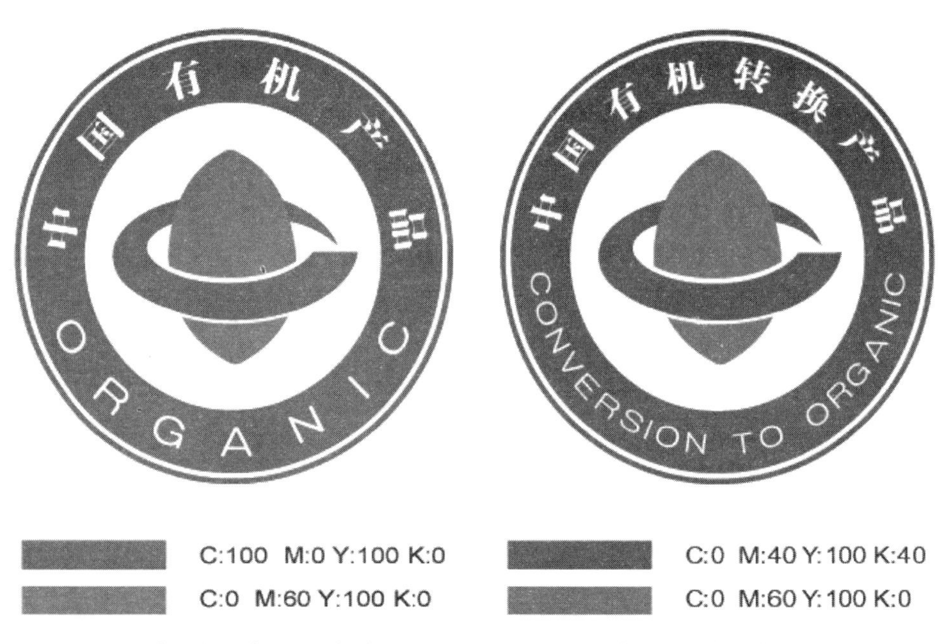

图 1 中国有机产品认证标志

图 2 中国有机转换产品认证标志

8 认证机构标识

8.1 有机产品认证机构的标识或者机构名称的印刷应当清楚。

8.2 有机产品认证机构的认证标志，仅用于按照有机产品国家标准生产或者加工并经该认证机构认证的产品。

8.3 认证机构的标识的相关图案或者文字应不大于中国有机产品认证标志或者中国有机转换产品认证标志。

9 销售要求

9.1 为保证有机产品的完整性和可追溯性，销售者在销售过程中应当采取但不限于下列措施。

—有机产品应避免与非有机产品的混合；

—有机产品避免与本部分不允许使用的物质接触；

—建立有机产品的购买、运输、储存、出入库和销售等记录。

9.2　有机产品进货时，销售商应索取有机产品认证证书等证明材料，有机配料低于95%并标识“有机配料生产”等字样的产品，其证明材料中应能证明有机产品的来源。

9.3　应对有机产品的认证证书的真伪进行验证，并留存认证证书复印件。

9.4　应在销售场所设立有机产品销售专区或陈列专柜，并与非有机产品销售区、柜分开。

9.5　在有机产品的销售专区或陈列专柜，应在显著位置摆放有机产品认证证书复印件。

9.6　不符合GB/T 19630的本部分标识要求的产品不能作为有机产品进行销售。

第4部分：管理体系

1　范围

GB/T 19630的本部分规定了有机产品生产、加工、经营过程中必须建立和维护的管理体系的通用规范和要求。

本部分适用于有机产品的生产者、加工者、经营者及相关的供应环节。

2　规范性引用文件

下列文件中的条款通过GB/T 19630的本部分的引用而成为本部分的条款。凡是注日期的引用文件，其随后所有的修改单（不包括勘误的内容）或修订版均不适用于本部分，然而，鼓励根据本部分达成协议的各方研究是否可使用这些文件的最新版本。凡是不注日期的引用文件，其最新版本适用于本部分。

GB/T 19630.1《有机产品》第1部分：生产

GB/T 19630.2《有机产品》第2部分：加工

GB/T 19630.3《有机产品》第3部分：标识与销售

3　术语和定义

下列术语和定义适用于GB/T 19630.4的本部分。

3.1　有机产品生产者

按照本部分从事有机种植、养殖以及野生产品采集，其生产单元和产品已获得

有机认证机构的认证，产品已获准使用有机产品标志的单位或个人。

3.2 有机产品加工者

按照本部分从事有机产品加工，其加工单位和产品已获得有机认证机构的认证，产品已获准使用有机产品标志的单位或个人。

3.3 有机产品经营者

按照本标准从事有机产品的运输、贮存、包装和贸易，其经营单位和产品获得有机认证机构的认证，产品获准使用认有机产品认证标志的单位和个人。

3.4 生产基地

从事有机种植、养殖或野生产品采集的生产单元。

3.5 内部检查员

有机产品生产、加工、经营单位内部负责有机管理体系审核，并配合有机认证机构进行检查、认证的管理人员。

4 要求

4.1 基本要求

4.1.1 有机产品生产、加工、经营者应有合法的土地使用权和合法的经营证明文件。

4.1.2 有机产品生产、加工、经营者应按 GB/T 19630.1~GB/T 19630.3 的要求建立和保持有机生产、加工、经营管理体系，该管理体系应形成本部分 4.2 要求的系列文件，加以实施和保持。

4.2 文件要求

4.2.1 有机生产、加工、经营管理体系的文件应包括：

a. 生产基地或加工、经营等场所的位置图。

b. 有机生产、加工、经营的质量管理手册。

c. 有机生产、加工经营的操作规程。

d. 有机生产、加工、经营的系统记录。

4.2.2 生产基地或加工、经营等场所的位置图

应按比例绘制生产基地或加工、经营等场所的位置图。应及时更新图件，以反映单位的变化情况。图件中应相应标明但不限于以下的内容。

a. 种植区域的地块分布，野生采集 / 水产捕捞区域的地理分布，加工、经营区的分布，水产养殖场、蜂场分布，畜禽养殖场及其牧草场、自由活动区、自由放牧区的分布。

b. 河流、水井和其他水源。

c. 相邻土地及边界土地的利用情况。

d. 畜禽检疫隔离区域。

e. 加工、包装车间；原料、成品仓库及相关设备的分布。

f. 生产基地内能够表明该基地特征的主要标示物。

4.2.3　有机产品生产、加工、经营质量管理手册

应编制和保持有机产品生产、加工、经营质量管理手册，该手册应包括以下内容。

a. 有机产品生产、加工、经营者的简介。

b. 有机产品生产、加工、经营者的经营方针和目标。

c. 管理组织机构图及其相关人员的责任和权限。

d. 有机生产、加工、经营实施计划。

e. 内部检查。

f. 跟踪审查。

g. 记录管理。

h. 客户申、投诉的处理。

4.2.4　生产、加工、经营操作规程

应制定并实施生产、加工、经营操作规程，操作规程中至少应包括。

a. 作物栽培、野生采集、畜禽、蜜蜂、水产养殖等有机生产、加工、经营的操作规程。

b. 禁止有机产品与转换期产品及非有机产品相互混合，以及防止有机生产、加工和经营过程中受禁用物质污染的规程。

c. 作物收获规程及收获后运输、加工、储藏等各道工序的管理规程。

d. 畜禽、水产等产品的屠宰、捕捞、加工、运输及储藏等管理规程。

e. 机械设备的维修、清扫规程。

f. 员工福利和劳动保护规程。

4.2.5　文件的控制

有机生产、加工管理体系所要求的文件应是最新有效的，应确保在使用时可获得适用文件的有效版本。

4.2.6　记录的控制

有机产品生产、加工、经营者应建立并保护记录。记录应清晰准确，并为有机生产、加工活动提供有效证据。记录至少保存 5 年并应包括但不限于以下内容。

a. 土地、作物种植和畜禽、蜜蜂、水产养殖历史记录及最后一次使用禁用物质的时间及使用量。

b. 种子、种苗、种畜禽等繁殖材料的种类、来源、数量等信息。

c. 施用堆肥的原材料来源、比例、类型、堆制方法和使用量。

d. 控制病、虫、草害而施用的物质的名称、成分、来源、使用方法和使用量。

e. 对畜禽养殖场（及养蜂场）要有完整的存栏登记表。其中包括所有进入该单元动物的详细信息（品种、产地、数量、进入日期等），还应提供所有的出栏畜禽的详细资料，年龄、屠宰时的重量、标识及目的地等。

f. 畜禽养殖场（及养蜂场）要记录所有兽药的使用情况，包括：购入日期和供货商；产品名称、有效成分及采购数量；被治疗动物的识别方法；治疗数目、诊断内容和用药剂量；治疗起始日期和管理方法；销售动物或其产品的最早日期。

g. 畜禽养殖场要登记所有饲料的详情，包括种类、成分和其来源等。

h. 加工记录，包括原料购买、加工过程、包装、标识、储藏、运输记录。

i. 加工厂有害生物防治记录和加工、贮存、运输设施清洁记录。

j. 原料和产品的出入库记录，所有购货发票和销售发票。

k. 标签及批次号的管理。

4.3 资源管理

有机产品生产、加工者不仅应具备与有机生产、加工规模和技术相适应的资源，而且应具备符合运作要求的人力资源并进行培训和保持相关的记录。

4.3.1 应配备有机产品生产、加工的管理者并具备以下条件。

a. 本单位的主要负责人之一。

b. 了解国家相关的法律、法规及相关要求。

c. 了解 GB/T 19630.1~GB/T 19630.4 的要求。

d. 具备 5 年以上农业生产和（或）加工的技术知识或经验。

e. 熟悉本单位的有机生产、加工管理体系及生产和（或）加工过程。

4.3.2 应配备内部检查员并具备以下条件。

a. 了解国家相关的法律、法规及相关要求。

b. 相对独立于被检查对象。

c. 熟悉并掌握 GB/T 19630.1~GB/T 19630.4 的要求。

d. 具备 3 年以上农业生产和（或）加工的技术知识或经验。

e. 熟悉本单位的有机生产、加工和经营管理体系及生产和 / 或加工过程。

4.4　内部检查

4.4.1　应建立内部检查制度，以保证有机生产、加工管理体系及生产过程符合 GB/T 19630.1~GB/T 19630.4 的要求。

4.4.2　内部检查应由内部检查员来承担。

4.4.3　内部检查员的职责是：

a. 配合认证机构的检查和认证。

b. 对照本部分，对本企业的质量管理体系进行检查，并对违反本部分的内容提出修改意见。

c. 对本企业追踪体系的全过程确认和签字。

d. 向认证机构提供内部检查报告。

4.5　追踪体系

为保证有机生产完整性，有机产品生产、加工者应建立完善的追踪系统，保存能追溯实际生产全过程的详细记录（如地块图、农事活动记录、加工记录、仓储记录、出入库记录、销售记录等）以及可跟踪的生产批号系统。

4.6　持续改进

应利用纠正和预防措施，持续改进其有机生产和加工管理体系的有效性，促进有机生产和加工的健康发展，以消除不符合或潜在不符合有机生产、加工的因素。有机生产和加工者应：

a. 确定不符合的原因。

b. 评价确保不符合不再发生的措施的需求。

c. 确定和实施所需的措施。

d. 记录所采取措施的结果。

e. 评审所采取的纠正或预防措施。

附件 2 《地表水环境质量国家标准》(GB3838—2002)

前　言

为贯彻《中华人民共和国环境保护法》和《中华人民共和国水污染防治法》，防治水污染，保护地表水水质，保障人体健康，维护良好的生态系统，制定本标准。

本标准将标准项目分为：地表水环境质量标准基本项目、集中式生活饮用水地表水源地补充项目和集中式生活饮用水地表水源地特定项目。地表水环境质量标准基本项目适用于全国江河、湖泊、运河、渠道、水库等具有使用功能的地表水水域；集中式生活饮用水地表水源地补充项目和特定项目适用于集中式生活饮用水地表水源地一级保护区和二级保护区。集中式生活饮用水地表水源地特定项目由县级以上人民政府环境保护行政主管部门根据本地区地表水水质特点和环境管理的需要进行选择，集中式生活饮用水地表水源地补充项目和选择确定的特定项目作为基本项目的补充指标。

本标准项目共计 109 项，其中地表水环境质量标准基本项目 24 项，集中式生活饮用水地表水源地补充项目 5 项，集中式生活饮用水地表水源地特定项目 80 项。

与 GHZB 1-1999 相比，本标准在地表水环境质量标准基本项目中增加了总氮一项指标，删除了基本要求和亚硝酸盐、非离子氨及凯氏氮三项指标，将硫酸盐、氯化物、硝酸盐、铁、锰调整为集中式生活饮用水地表水源地补充项目，修订了 pH 值、溶解氧、氨氮、总磷、高锰酸盐指数、铅、粪大肠菌群 7 个项目的标准值，增加了集中式生活饮用水地表水源地特定项目 40 项。本标准删除了湖泊水库特定项目标准值。

县级以上人民政府环境保护行政主管部门及相关部门根据职责分工，按本标准对地表水各类水域进行监督管理。

与近海水域相连的地表水河口水域根据水环境功能按本标准相应类别标准值进行管理，近海水功能区水域根据使用功能按《海水水质标准》相应类别标准值进行管理。批准划定的单一渔业水域按《渔业水质标准》进行管理；处理后的城市污水及与城市污水水质相近的工业废水用于农田灌溉用水的水质按《农田灌溉水质标准》进行管理。

《地面水环境质量标准》(GB 3838-1983）为首次发布，1988 年为第一次修订，1999 年为第二次修订，本次为第三次修订。本标准自 2002 年 6 月 1 日起实施，《地面水环境质量标准》(GB 3838-1988）和《地表水环境质量标准》(GHZB

1-1999）同时废止。

本标准由国家环境保护总局科技标准司提出并归口。

本标准由中国环境科学研究院负责修订。

本标准由国家环境保护总局2002年4月26日批准。

本标准由国家环境保护总局负责解释。

1　范围

1.1　本标准按照地表水环境功能分类和保护目标，规定了水环境质量应控制的项目及限值，以及水质评价、水质项目的分析方法和标准的实施与监督。

1.2　本标准适用于中华人民共和国领域内江河、湖泊、运河、渠道、水库等具有使用功能的地表水水域。具有特定功能的水域，执行相应的专业用水水质标准。

2　引用标准

《生活饮用水卫生规范》（卫生部，2001年）和本标准表4~表6所列分析方法标准及规范中所含条文在本标准中被引用即构成为本标准条文，与本标准同效。当上述标准和规范被修订时，应使用其最新版本。

3　水域功能和标准分类

依据地表水水域环境功能和保护目标，按功能高低依次划分为五类。

Ⅰ类　主要适用于源头水、国家自然保护区；

Ⅱ类　主要适用于集中式生活饮用水地表水源地一级保护区、珍稀水生生物栖息地、鱼虾类产卵场、仔稚幼鱼的索饵场等；

Ⅲ类　主要适用于集中式生活饮用水地表水源地二级保护区、鱼虾类越冬场、洄游通道、水产养殖区等渔业水域及游泳区；

Ⅳ类　主要适用于一般工业用水区及人体非直接接触的娱乐用水区；

Ⅴ类　主要适用于农业用水区及一般景观要求水域。

对应地表水上述五类水域功能，将地表水环境质量标准基本项目标准值分为五类，不同功能类别分别执行相应类别的标准值。水域功能类别高的标准值严于水域功能类别低的标准值。同一水域兼有多类使用功能的，执行最高功能类别对应的标准值。实现水域功能与达功能类别标准为同一含义。

4 标准值

4.1 地表水环境质量标准基本项目标准限值见表 1。

4.2 集中式生活饮用水地表水源地补充项目标准限值见表 2。

4.3 集中式生活饮用水地表水源地特定项目标准限值见表 3。

5 水质评价

5.1 地表水环境质量评价应根据应实现的水域功能类别，选取相应类别标准，进行单因子评价，评价结果应说明水质达标情况，超标的应说明超标项目和超标倍数。

5.2 丰、平、枯水期特征明显的水域，应分水期进行水质评价。

5.3 集中式生活饮用水地表水源地水质评价的项目应包括表 1 中的基本项目、表 2 中的补充项目以及由县级以上人民政府环境保护行政主管部门从表 3 中选择确定的特定项目。

6 水质监测

6.1 本标准规定的项目标准值，要求水样采集后自然沉降 30min，取上层非沉降部分按规定方法进行分析。

6.2 地表水水质监测的采样布点、监测频率应符合国家地表水环境监测技术规范的要求。

6.3 本标准水质项目的分析方法应优先选用表 4~ 表 6 规定的方法，也可采用 ISO 方法体系等其他等效分析方法，但须进行适用性检验。

7 标准的实施与监督

7.1 本标准由县级以上人民政府环境保护行政主管部门及相关部门按职责分工监督实施。

7.2 集中式生活饮用水地表水源地水质超标项目经自来水厂净化处理后，必须达到《生活饮用水卫生规范》的要求。

7.3 省、自治区、直辖市人民政府可以对本标准中未作规定的项目，制定地方补充标准，并报国务院环境保护行政主管部门备案。

表 1　地表水环境质量标准基本项目标准限值　　　　（单位：mg/L）

序号	项目 \ 标准值 \ 分类	Ⅰ类	Ⅱ类	Ⅲ类	Ⅳ类	Ⅴ类
1	水温（℃）	人为造成的环境水温变化应限制在： 周平均最大温升≤ 1 周平均最大温降≤ 2				
2	pH 值（无量纲）	6 ~ 9				
3	溶解氧 ≥	饱和率 90%（或 7.5）	6	5	3	2
4	高锰酸盐指数 ≤	2	4	6	10	15
5	化学需氧量（COD）≤	15	15	20	30	40
6	五日生化需氧量（BOD5）≤	3	3	4	6	10
7	氨氮（NH_3^-N）≤	0.15	0.5	1.0	1.5	2.0
8	总磷（以 P 计）≤	0.02（湖、库 0.01）	0.1（湖、库 0.025）	0.2（湖、库 0.05）	0.3（湖、库 0.1）	0.4（湖、库 0.2）
9	总氮（湖、库，以 N 计）≤	0.2	0.5	1.0	1.5	2.0
10	铜 ≤	0.01	1.0	1.0	1.0	1.0
11	锌 ≤	0.05	1.0	1.0	2.0	2.0
12	氟化物（以 F^- 计）≤	1.0	1.0	1.0	1.5	1.5
13	硒 ≤	0.01	0.01	0.01	0.02	0.02
14	砷 ≤	0.05	0.05	0.05	0.1	0.1
15	汞 ≤	0.00005	0.00005	0.0001	0.001	0.001
16	镉 ≤	0.001	0.005	0.005	0.005	0.01
17	铬（六价）≤	0.01	0.05	0.05	0.05	0.1
18	铅 ≤	0.01	0.01	0.05	0.05	0.1
19	氰化物 ≤	0.005	0.05	0.2	0.2	0.2
20	挥发酚 ≤	0.002	0.002	0.005	0.01	0.1
21	石油类 ≤	0.05	0.05	0.05	0.5	1.0
22	阴离子表面活性剂 ≤	0.2	0.2	0.2	0.3	0.3
23	硫化物 ≤	0.05	0.1	0.2	0.5	1.0
24	粪大肠菌群（个 /L）≤	200	2 000	10 000	20 000	40 000

表 2　集中式生活饮用水地表水源地补充项目标准限值　　　（单位：mg/L）

序　号	项　目	标 准 值
1	硫酸盐（以 SO_4^{2-} 计）	250
2	氯化物（以 Cl^- 计）	250
3	硝酸盐（以 N 计）	10
4	铁	0.3
5	锰	0.1

表 3　集中式生活饮用水地表水源地特定项目标准限值　　　（单位：mg/L）

序号	项　目	标准值	序号	项　目	标准值
1	三氯甲烷	0.06	33	2，4，6- 三硝基甲苯	0.5
2	四氯化碳	0.002	34	硝基氯苯⑤	0.05
3	三溴甲烷	0.1	35	2，4- 二硝基氯苯	0.5
4	二氯甲烷	0.02	36	2，4- 二氯苯酚	0.093
5	1，2- 二氯乙烷	0.03	37	2，4，6- 三氯苯酚	0.2
6	环氧氯丙烷	0.02	38	五氯酚	0.009
7	氯乙烯	0.005	39	苯胺	0.1
8	1，1- 二氯乙烯	0.03	40	联苯胺	0.000 2
9	1，2- 二氯乙烯	0.05	41	丙烯酰胺	0.000 5
10	三氯乙烯	0.07	42	丙烯腈	0.1
11	四氯乙烯	0.04	43	邻苯二甲酸二丁酯	0.003
12	氯丁二烯	0.002	44	邻苯二甲酸二（2- 乙基己基）酯	0.008
13	六氯丁二烯	0.0006	45	水合肼	0.01
14	苯乙烯	0.02	46	四乙基铅	0.000 1
15	甲醛	0.9	47	吡啶	0.2
16	乙醛	0.05	48	松节油	0.2
17	丙烯醛	0.1	49	苦味酸	0.5
18	三氯乙醛	0.01	50	丁基黄原酸	0.005
19	苯	0.01	51	活性氯	0.01
20	甲苯	0.7	52	滴滴涕	0.001
21	乙苯	0.3	53	林丹	0.002
22	二甲苯①	0.5	54	环氧七氯	0.000 2
23	异丙苯	0.25	55	对硫磷	0.003
24	氯苯	0.3	56	甲基对硫磷	0.002
25	1，2- 二氯苯	1.0	57	马拉硫磷	0.05
26	1，4 二氯苯	0.3	58	乐果	0.08

（续表）

序号	项　目	标准值	序号	项　目	标准值
27	三氯苯[②]	0.02	59	敌敌畏	0.05
28	四氯苯[③]	0.02	60	敌百虫	0.05
29	六氯苯	0.05	61	内吸磷	0.03
30	硝基苯	0.017	62	百菌清	0.01
31	二硝基苯[④]	0.5	63	甲萘威	0.05
32	2，4- 二硝基甲苯	0.0003	64	溴氰菊酯	0.02
33	阿特拉津	0.003	73	铍	0.002
34	苯并（a）芘	2.8×10^{-6}	74	硼	0.5
35	甲基汞	1.0×10^{-6}	75	锑	0.005
36	多氯联苯[⑥]	2.0×10^{-5}	76	镍	0.02
37	微囊藻毒素 -LR	0.001	77	钡	0.7
38	黄磷	0.003	78	钒	0.05
39	钼	0.07	79	钛	0.1
40	钴	1.0	80	铊	0.000 1

注：[①]二甲苯：指对 - 二甲苯、间 - 二甲苯、邻 - 二甲苯。
[②]三氯苯：指 1，2，3- 三氯苯、1，2，4- 三氯苯、1，3，5- 三氯苯。
[③]四氯苯：指 1，2，3，4- 四氯苯、1，2，3，5- 四氯苯、1，2，4，5- 四氯苯。
[④]二硝基苯：指对 - 二硝基苯、间 - 二硝基苯、邻 - 二硝基苯。
[⑤]硝基氯苯：指对 - 硝基氯苯、间 - 硝基氯苯、邻 - 硝基氯苯。
[⑥]多氯联苯：指 PCB-1016、PCB-1221、PCB-1232、PCB-1242、PCB-1248、PCB-1254、PCB-1260

表 4　地表水环境质量标准基本项目分析方法

序号	项　目	分 析 方 法	最低检出限（mg/L）	方法来源
1	水温	温度计法		GB 13195-1991
2	pH 值	玻璃电极法		GB 6920-1986
3	溶解氧	碘量法	0.2	GB 7489-1987
		电化学探头法		GB 11913-1989
4	高锰酸盐指数		0.5	GB 11892-1989
5	化学需氧量	重铬酸盐法	10	GB 11914-1989
6	五日生化需氧量	稀释与接种法	2	GB 7488-1987
7	氨氮	纳氏试剂比色法	0.05	GB 7479-1987
		水杨酸分光光度法	0.01	GB 7481-1987
8	总磷	钼酸铵分光光度法	0.01	GB 11893-1989

（续表）

序号	项　目	分 析 方 法	最低检出限（mg/L）	方法来源
9	总氮	碱性过硫酸钾消解紫外分光光度法	0.05	GB 11894-1989
10	铜	2，9- 二甲基 -1，10- 菲罗啉分光光度法	0.06	GB 7473-1987
		二乙基二硫代氨基甲酸钠分光光度法	0.010	GB 7474-1987
		原子吸收分光光度法（螯合萃取法）	0.001	GB 7475-1987
11	锌	原子吸收分光光度法	0.05	GB 7475-1987
12	氟化物	氟试剂分光光度法	0.05	GB 7483-1987
		离子选择电极法	0.05	GB 7484-1987
		离子色谱法	0.02	HJ/T 84-2001
13	硒	2，3- 二氨基萘荧光法	0.000 25	GB 11902-1989
		石墨炉原子吸收分光光度法	0.003	GB/T 15505-1995
14	砷	二乙基二硫代氨基甲酸银分光光度法	0.007	GB 7485-1987
		冷原子荧光法	0.000 06	①
15	汞	冷原子吸收分光光度法	0.000 05	GB 7468-1987
		冷原子荧光法	0.000 05	①
16	镉	原子吸收分光光度法（螯合萃取法）	0.001	GB 7475-1987
17	铬（六价）	二苯碳酰二肼分光光度法	0.004	GB 7467-1987
18	铅	原子吸收分光光度法（螯合萃取法）	0.01	GB 7475-1987
19	氰化物	异烟酸 - 吡唑啉酮比色法	0.004	GB 7487-1987
		吡啶 - 巴比妥酸比色法	0.002	
20	挥发酚	蒸馏后 4- 氨基安替比林分光光度法	0.002	GB 7490-1987
21	石油类	红外分光光度法	0.01	GB/T 16488-1996
22	阴离子表面活性剂	亚甲蓝分光光度法	0.05	GB 7494-1987
23	硫化物	亚甲基蓝分光光度法	0.005	GB/T 16489-1996
		直接显色分光光度法	0.004	GB/T 17133-1997

（续表）

序号	项　目	分 析 方 法	最低检出限（mg/L）	方法来源
注：暂采用下列分析方法，待国家方法标准发布后，执行国家标准。 ①《水和废水监测分析方法（第三版）》，中国环境科学出版社，1989 年				

表 5　集中式生活饮用水地表水源地补充项目分析方法

序号	项　目	分 析 方 法	最低检出限（mg/L）	方法来源
1	硫酸盐	重量法	10	GB 11899-1989
		火焰原子吸收分光光度法	0.4	GB 13196-1991
		铬酸钡光度法	8	①
		离子色谱法	0.09	HJ/T 84-2001
2	氯化物	硝酸银滴定法	10	GB 11896-1989
		硝酸汞滴定法	2.5	①
		离子色谱法	0.02	HJ/T 84-2001
3	硝酸盐	酚二磺酸分光光度法	0.02	GB 7480-1987
		紫外分光光度法	0.08	①
		离子色谱法	0.08	HJ/T 84-2001
4	铁	火焰原子吸收分光光度法	0.03	GB 11911-1989
		邻菲罗啉分光光度法	0.03	①
5	锰	高碘酸钾分光光度法	0.02	GB 11906-1989
		火焰原子吸收分光光度法	0.01	GB 11911-1989
		甲醛肟光度法	0.01	①
注：暂采用下列分析方法，待国家方法标准发布后，执行国家标准。 ①《水和废水监测分析方法（第三版）》，中国环境科学出版社，1989 年				

表 6　集中式生活饮用水地表水源地特定项目分析方法

<table>
<tr><th>序号</th><th>项　目</th><th>分 析 方 法</th><th>最低检出限（mg/L）</th><th>方法来源</th></tr>
<tr><td rowspan="2">1</td><td rowspan="2">三氯甲烷</td><td>顶空气相色谱法</td><td>0.0003</td><td>GB/T 17130-1997</td></tr>
<tr><td>气相色谱法</td><td>0.0006</td><td>②</td></tr>
<tr><td rowspan="2">2</td><td rowspan="2">四氯化碳</td><td>顶空气相色谱法</td><td>0.00005</td><td>GB/T 17130-1997</td></tr>
<tr><td>气相色谱法</td><td>0.0003</td><td>②</td></tr>
<tr><td rowspan="2">3</td><td rowspan="2">三溴甲烷</td><td>顶空气相色谱法</td><td>0.001</td><td>GB/T 17130-1997</td></tr>
<tr><td>气相色谱法</td><td>0.006</td><td>②</td></tr>
<tr><td>4</td><td>二氯甲烷</td><td>顶空气相色谱法</td><td>0.0087</td><td>②</td></tr>
<tr><td>5</td><td>1，2- 二氯乙烷</td><td>顶空气相色谱法</td><td>0.0125</td><td>②</td></tr>
<tr><td>6</td><td>环氧氯丙烷</td><td>气相色谱法</td><td>0.02</td><td>②</td></tr>
<tr><td>7</td><td>氯乙烯</td><td>气相色谱法</td><td>0.001</td><td>②</td></tr>
<tr><td>8</td><td>1，1- 二氯乙烯</td><td>吹出捕集气相色谱法</td><td>0.000018</td><td>②</td></tr>
<tr><td>9</td><td>1，2- 二氯乙烯</td><td>吹出捕集气相色谱法</td><td>0.000012</td><td>②</td></tr>
<tr><td rowspan="2">10</td><td rowspan="2">三氯乙烯</td><td>顶空气相色谱法</td><td>0.0005</td><td>GB/T 17130-1997</td></tr>
<tr><td>气相色谱法</td><td>0.003</td><td>②</td></tr>
<tr><td rowspan="2">11</td><td rowspan="2">四氯乙烯</td><td>顶空气相色谱法</td><td>0.0002</td><td>GB/T 17130-1997</td></tr>
<tr><td>气相色谱法</td><td>0.0012</td><td>②</td></tr>
<tr><td>12</td><td>氯丁二烯</td><td>顶空气相色谱法</td><td>0.002</td><td>②</td></tr>
<tr><td>13</td><td>六氯丁二烯</td><td>气相色谱法</td><td>0.00002</td><td>②</td></tr>
<tr><td>14</td><td>苯乙烯</td><td>气相色谱法</td><td>0.01</td><td>②</td></tr>
<tr><td rowspan="2">15</td><td rowspan="2">甲醛</td><td>乙酰丙酮分光光度法</td><td>0.05</td><td>GB 13197-1991</td></tr>
<tr><td>4- 氨基 -3- 联氨 -5- 巯基 -1，2，4- 三氮杂茂（AHMT）分光光度法</td><td>0.05</td><td>②</td></tr>
<tr><td>16</td><td>乙醛</td><td>气相色谱法</td><td>0.24</td><td>②</td></tr>
<tr><td>17</td><td>丙烯醛</td><td>气相色谱法</td><td>0.019</td><td>②</td></tr>
<tr><td>18</td><td>三氯乙醛</td><td>气相色谱法</td><td>0.001</td><td>②</td></tr>
<tr><td rowspan="2">19</td><td rowspan="2">苯</td><td>液上气相色谱法</td><td>0.005</td><td>GB 11890-1989</td></tr>
<tr><td>顶空气相色谱法</td><td>0.00042</td><td>②</td></tr>
<tr><td rowspan="3">20</td><td rowspan="3">甲苯</td><td>液上气相色谱法</td><td>0.005</td><td rowspan="2">GB 11890-1989</td></tr>
<tr><td>二硫化碳萃取气相色谱法</td><td>0.05</td></tr>
<tr><td>气相色谱法</td><td>0.01</td><td>②</td></tr>
</table>

（续表）

序号	项　目	分 析 方 法	最低检出限（mg/L）	方法来源
21	乙苯	液上气相色谱法	0.005	GB 11890-1989
		二硫化碳萃取气相色谱法	0.05	
		气相色谱法	0.01	②
22	二甲苯	液上气相色谱法	0.005	GB 11890-1989
		二硫化碳萃取气相色谱法	0.05	
		气相色谱法	0.01	②
23	异丙苯	顶空气相色谱法	0.003 2	②
24	氯苯	气相色谱法	0.01	HJ/T 74-2001
25	1，2- 二氯苯	气相色谱法	0.002	GB/T 17131-1997
26	1，4- 二氯苯	气相色谱法	0.005	GB/T 17131-1997
27	三氯苯	气相色谱法	0.000 04	②
28	四氯苯	气相色谱法	0.000 02	②
29	六氯苯	气相色谱法	0.000 02	②
30	硝基苯	气相色谱法	0.000 2	GB 13194-1991
31	二硝基苯	气相色谱法	0.2	②
32	2，4- 二硝基甲苯	气相色谱法	0.000 3	GB 13194-1991
33	2，4，6- 三硝基甲苯	气相色谱法	0.1	②
34	硝基氯苯	气相色谱法	0.000 2	GB 13194-1991
35	2，4- 二硝基氯苯	气相色谱法	0.1	②
36	2，4- 二氯苯酚	电子捕获 – 毛细色谱法	0.000 4	②
37	2，4，6- 三氯苯酚	电子捕获 – 毛细色谱法	0.000 04	②
38	五氯酚	气相色谱法	0.000 04	GB 8972-1988
39	苯胺	电子捕获 – 毛细色谱法	0.000 024	②
		气相色谱法	0.002	②
40	联苯胺	气相色谱法	0.000 2	③
41	丙烯酰胺	气相色谱法	0.000 15	②
42	丙烯腈	气相色谱法	0.10	②

（续表）

序号	项　目	分 析 方 法	最低检出限（mg/L）	方法来源
43	邻苯二甲酸二丁酯	液相色谱法	0.000 1	HJ/T 72-2001
44	邻苯二甲酸二（2- 乙基己基）酯	气相色谱法	0.000 4	②
45	水合肼	对二甲氨基苯甲醛直接分光光度法	0.005	②
46	四乙基铅	双硫腙比色法	0.000 1	②
47	吡啶	气相色谱法	0.031	GB/T 14672-1993
48	松节油	巴比土酸分光光度法	0.05	②
		气相色谱法	0.02	②
49	苦味酸	气相色谱法	0.001	②
50	丁基黄原酸	铜试剂亚铜分光光度法	0.002	②
51	活性氯	N，N- 二乙基对苯二胺（DPD）分光光度法	0.01	②
52	滴滴涕	3，3′，5，5′－四甲基联苯胺比色法	0.005	②
		气相色谱法	0.000 2	GB 7492-1987
53	林丹	气相色谱法	4×10^{-6}	GB 7492-1987
54	环氧七氯	液液萃取气相色谱法	0.000 083	②
55	对硫磷	气相色谱法	0.000 54	GB 13192-1991
56	甲基对硫磷	气相色谱法	0.000 42	GB 13192-1991
57	马拉硫磷	气相色谱法	0.000 64	GB 13192-1991
58	乐果	气相色谱法	0.000 57	GB 13192-1991
59	敌敌畏	气相色谱法	0.000 06	GB 13192-1991
60	敌百虫	气相色谱法	0.000 051	GB 13192-1991
61	内吸磷	气相色谱法	0.002 5	②
62	百菌清	气相色谱法	0.000 4	②
63	甲萘威	高效液相色谱法	0.01	②
64	溴氰菊酯	气相色谱法	0.000 2	②
		高效液相色谱法	0.002	②
65	阿特拉津	气相色谱法		③

（续表）

序号	项　目	分 析 方 法	最低检出限（mg/L）	方法来源
66	苯并（a）芘	乙酰化滤纸层析荧光分光光度法	4×10^{-6}	GB 11895–1989
		高效液相色谱法	1×10^{-6}	GB 13198–1991
67	甲基汞	气相色谱法	1×10^{-8}	GB/T 17132–1997
68	多氯联苯	气相色谱法		③
69	微囊藻毒素 –LR	高效液相色谱法	0.000 01	②
70	黄磷	钼 – 锑 – 抗分光光度法	0.002 5	②
71	钼	无火焰原子吸收分光光度法	0.002 31	②
72	钴	无火焰原子吸收分光光度法	0.001 91	②
73	铍	铬菁 R 分光光度法	0.000 2	HJ/T 58–2000
		石墨炉原子吸收分光光度法	0.000 02	HJ/T 59–2000
		桑色素荧光分光光度法	0.000 2	②
74	硼	姜黄素分光光度法	0.02	HJ/T 49–1999
		甲亚胺 –H 分光光度法	0.2	②
75	锑	氢化原子吸收分光光度法	0.000 25	②
76	镍	无火焰原子吸收分光光度法	0.002 48	②
77	钡	无火焰原子吸收分光光度法	0.006 18	②
78	钒	钽试剂（BPHA）萃取分光光度法	0.018	GB/T 15503–1995
		无火焰原子吸收分光光度法	0.006 98	②
79	钛	催化示波极谱法	0.000 4	②
		水杨基荧光酮分光光度法	0.02	②
80	铊	无火焰原子吸收分光光度法	4×10^{-6}	②

注：暂采用下列分析方法，待国家方法标准发布后，执行国家标准。
①《水和废水监测分析方法（第 3 版）》，中国环境科学出版社，1989 年。
②《生活饮用水卫生规范》，中华人民共和国卫生部，2001 年。
③《水和废水标准检验法（第 15 版）》，中国建筑工业出版社，1985 年

附件 3 《农田灌溉水质标准》(GB 5084—2005)

前 言

为贯彻执行《中华人民共和国环境保护法》，防止土壤、地下水和农产品污染，保障人体健康，维护生态平衡，促进经济发展，特制定本标准。本标准的全部技术内容为强制性。

本标准将控制项目分为基本控制项目和选择性控制项目。基本控制项目适用于全国以地表水、地下水和处理后的养殖业废水及以农产品为原料加工的工业废水为水源的农田灌溉用水；选择性控制由县级以上人民政府环境保护和农业行政主管部门，根据本地区农业水源水质特点和环境、农产品管理的需要进行管理控制，所选择的控制项目作为基本控制项目的补充指标。

本标准控制项目共计 27 项，其中农田灌溉用水水质基本控制项目 16 项，选择性控制项目 11 项。

本标准与 GB 5084-1992 相比，删除了凯氏氮、总磷两项指标。修订了五日生化需氧量、化学需氧量、悬浮物、氯化物、总镉、总铅、总铜、粪大肠菌群数和蛔虫卵数等 9 项指标。

本标准由中华人民共和国农业部提出。

本标准由中华人民共和国农业部归口并解释。

本标准由农业部环境保护科研监测所负责起草。

本标准主要起草人：王德荣、张泽、徐应明、宁安荣、沈跃。

本标准于 1985 年首次发布。1992 年第一次修订，本次为第二次修订。

农田灌溉水质标准

1 范围

本标准规定了农田灌溉水质要求、监测和分析方法。

本标准适用于全国以地表水、地下水和处理后的养殖业废水及以农产品为原料加工的工业废水作为水源农田灌溉用水。

2 规范性引用文件

下列文件中的条款通过本标准的引用而成为本标准的条款。凡是注日期的引用文件，其随后所有的修改单（不包括勘误的内容）和修订版不适用于本标准。然而，鼓励根据本标准达成协议的各方研究是否可使用这些文件的最新版本。凡是不注日期的引用文件，其最新版本适用于本标准。

GB/T 5750-1985《生活饮用水标准检验法》

GB/T 6920《水质　pH 值的测定 玻璃电极法》

GB/T 7467《水质　六价铬的测定 二苯胺酰二肼分光光度法》

GB/T 7468《水质　总汞的测定 冷原子吸收分光光度法》

GB/T 7475《水质　铜、锌、铅、镉的测定 原子吸收分光光度法》

GB/T 7484《水质　氟化物的测定 离子选择电子法》

GB/T 7485《水质　总砷的测定 二乙基二硫代氨基甲酸银分光光度法》

GB/T 7486《水质　氰化物的测定 第一部分 总氰化物的测定》

GB/T 7488《水质　五日生化需氧量（BOD3）的测定 稀释与接种法》

GB/T 7490《水质　挥发酚的测定 蒸馏后 4- 氨基安替比林分光光度法》

GB/T 7494《水质　阴离子表面活性剂的测定 亚甲蓝分光光度法》

GB/T 11896《水质　氯化物的测定 硝酸银滴定法》

GB/T 11901《水质　悬浮物的测定 重量法》

GB/T 11902《水质　硒的测定 2，3- 二氨基萘荧光法》

GB/T 11914《水质　化学需氧量的测定 重铬酸盐法》

GB/T 11934《水源水中乙醛、丙烯醛卫生检验标准方法 气相色谱法》

GB/T 11937《水源水中苯系物卫生检验标准方法 气相色谱法》

GB/T 13195《水质　水温的测定 温度计或颠倒温度计测定法》

GB/T 16488《水质　石油类或动植物油的测定 红外光度法》

GB/T 16489《水质　硫化物的测定 亚甲基蓝分光光度法》

HJ/T 49　《水质　硼的测定　姜黄素分光光度法》

HJ/T 50　《水质　三氯乙醛的测定 吡唑啉酮分光光度法》

HJ/T 51　《水质　全盐量的测定 重量法》

NY/T 396《农用水源环境质量检测技术规范》

3　技术内容

3.1　农田灌溉用水水质应符合表 1、表 2 的规定。

表 1　农田灌溉用水水质基本控制项目标准值

序号	项目类别	作物种类		
		水作	旱作	蔬菜
1	五日生化需氧量（mg/L）　≤	60	100	40[a]，15[b]
2	化学需氧量（mg/L）　≤	150	200	100[a]，60[b]
3	悬浮物（mg/L）　≤	80	100	60[a]，15[b]
4	阴离子表面活性剂（mg/L）≤	5	8	5
5	水温（℃）　≤	35		
6	pH 值	5.5~8.5		
7	全盐量（mg/L）　≤	1 000[c]（非盐碱土地区），2 000[c]（盐碱土地区）		
8	氯化物（mg/L）　≤	350		
9	硫化物（mg/L）　≤	1		
10	总汞（mg/L）　≤	0.001		
11	镉（mg/L）　≤	0.01		
12	总砷（mg/L）　≤	0.05	0.1	0.05
13	铬（六价）（mg/L）　≤	0.1		
14	铅（mg/L）　≤	0.2		
15	粪大肠菌群数（个 /100mL）≤	4 000	4 000	2 000[a]，1 000[b]
16	蛔虫卵数（个 /L）　≤	2		2[a]，1[b]

a 加工、烹调及去皮蔬菜。
b 生食类蔬菜、瓜类和草本水果。
c 具有一定的水利灌排设施，能保证一定的排水和地下水径流条件的地区，或有一定淡水资源能满足冲洗土体中盐分的地区，农田灌溉水质全盐量指标可以适当放宽

表 2　农田灌溉用水水质选择性控制项目标准值

序号	项目类别	作物种类		
		水作	旱作	蔬菜
1	钢（mg/L）　≤	0.5	1	
2	锌（mg/L）　≤	2		
3	硒（mg/L）　≤	0.02		
4	氟化物（mg/L）　≤	2（一般地区），3（高氟区）		
5	氰化物（mg/L）　≤	0.5		
6	石油类（mg/L）　≤	5	10	1
7	挥发酚（mg/L）　≤	1		
8	苯（mg/L）　≤	2.5		
9	三氯乙醛（mg/L）　≤	1	0.5	0.5
10	丙烯醛（mg/L）　≤	0.5		
11	硼（mg/L）　≤	1[a]（对硼敏感作物）2[b]（对硼耐受性较强的作物）3[c]（对硼耐受性强的作物）		

a 对硼敏感作物，如黄瓜，豆类，马铃薯、笋瓜、韭菜、洋葱、柑橘等。
b 对硼耐受性较强的作物，如小麦、玉米、青椒、小白菜、葱等。
c 对硼耐受性强的作物，如水稻、萝卜、油菜、甘蓝等

3.2　向农田灌溉渠道排放处理后的养殖业废水及以农产品为原料加工的工业废水，应保证其下游最近灌溉取水点的水质符合本标准。

3.3　当本标准不能满足当地环境保护需要或农业生产需要时，省、自治区、直辖市人民政府可以补充本标准中未规定的项目或制定严于本标准的相关项目，作为地方补充标准，并报国务院环境保护行政主管部门和农业行政主管部门备案。

4　监测与分析方法

4.1　监测

4.1.1　农田灌溉用水水质基本控制项目，监测项目的布点监测频率应符合 NY/T 396 的要求。

4.1.2　农田灌溉用水水质选择性控制项目，由地方主管部门根据当地农业水源的来源和可能的污染物种类选择相应的控制项目，所选择的控制项目监测布点和频率应符合 NY/T 396 的要求。

4.2　分析方法

本标准控制项目分析方法按表 3 执行。

表 3　农田灌溉水质控制项目分析方法

序号	分析项目	测定方法	方法来源
1	生化需氧量（BOD）	稀释与接种法	GB/T 7488
2	化学需氧量	重铬酸盐法	GB/T 11914
3	悬浮物	重量法	GB/T 11901
4	阴离子表面活性剂	亚甲蓝分光光度法	GB/T 7494
5	水温	温度计或颠倒温度计测定法	GB/T 13195
6	pH	玻璃电极法	GB/T 6920
7	全盐量	重量法	HJ/T 51
8	氯化物	硝酸银滴定法	GB/T 11896
9	硫化物	亚甲基蓝分光光度法	GB/T 16489
10	总汞	冷原子吸收分光光度法	GB/T 7468
11	镉	原子吸收分光光度法	GB/T 7475
12	总砷	二乙基二硫代氨基甲酸银分光光度法	GB/T 7485
13	铬（六价）	二苯碳酰二肼分光光度法	GB/T 7467
14	铅	原子吸收分光光度法	GB/T 7475
15	铜	原子吸收分光光度法	GB/T 7475
16	锌	原子吸收分光光度法	GB/T 7475
17	硒	2，3- 二氨基萘荧光法	GB/T 11902
18	氟化物	离子选择电极法	GB/T 7484
19	氰化物	硝酸银滴定法	GB/T 7486
20	石油类	红外光度法	GB/T 16488
21	挥发酚	蒸馏后 4- 氨基安替比林分光光度法	GB/T 7490
22	苯	气相色谱法	GB/T 11937
23	三氯乙醛	吡唑啉酮分光光度法	HJ/T 50
24	丙烯醛	气相色谱法	GB/T 11934
25	硼	姜黄素分光光度法	HJ/T 49
26	粪大肠菌群数	多管发酵法	GB/T 5750-1985
27	蛔虫卵数	沉淀集卵法	《农业环境监测实用手册》第三章中“水质 污水蛔虫卵的测定 沉淀集卵法”
a 暂采用此方法，待国家标准颁布后，执行国家标准			

附件4 《土壤环境质量国家标准》(GB15618—1995)

为贯彻《中华人民共和国环境保护法》，防止土壤污染，保护生态环境，保障农林生产，维护人体健康，制定本标准。

1 主题内容与适用范围

1.1 主题内容

本标准按土壤应用功能、保护目标和土壤主要性质，规定了土壤中污染物的最高允许浓度指标值及相应的监测方法。

1.2 适用范围

本标准适用于农田、蔬菜地、茶园、果园、牧场、林地、自然保护区等的土壤。

2 术语

2.1 土壤：指地球陆地表面能够生长绿色植物的疏松层。

2.2 土壤阳离子交换量：指带负电荷的土壤胶体，借静电引力而对溶液中的阳离子所吸附的数量，以每千克土所含全部代换阳离子的厘摩尔（按一价离子计）数表示。

3 土壤环境质量分类和标准分级

3.1 土壤环境质量分类

根据土壤应用功能和保护目标，划分为三类。

Ⅰ类主要适用于国家规定的自然保护区（原有背景重金属含量高的除外）、集中式生活饮用水源地、茶园、牧场和其他保护地区的土壤，土壤质量基本上保护自然背景水平。

Ⅱ类主要适用于一般农田、蔬菜地、茶园、果园、牧场等土壤，土壤质量基本上对植物和环境不造成危害和污染。

Ⅲ类主要适用于林地土壤及污染物容量较大的高背景值土壤和矿产附近等地的农田土壤（蔬菜地除外）。土壤质量基本上对植物和环境不造成危害和污染。

3.2 标准分级

一级标准 为保护区域自然生态，维持自然背景的土壤环境质量的限制值。

二级标准 为保障农业生产，维护人体健康的土壤限制值。

三级标准 为保障农林业生产和植物正常生长的土壤临界值。

3.3 各类土壤环境质量执行标准的级别规定如下

Ⅰ类土壤环境质量执行一级标准。

Ⅱ类土壤环境质量执行二级标准。

Ⅲ类土壤环境质量执行三级标准。

4. 标准值

本标准规定的三级标准值。见表 1。

表 1 土壤环境质量标准值（mg/kg）

项目 \ 级别		一级	二级			三级
		自然背景	< 6.5	6.5~7.5	> 7.5	> 6.5
镉	≤	0.20	0.30	0.30	0.60	1.0
汞	≤	0.15	0.30	0.50	1.0	1.5
砷 水田	≤	15	30	25	20	30
旱地	≤	15	40	30	25	40
铜 农田等	≤	35	50	100	100	400
果园	≤		150	200	200	400
铅	≤	35	250	300	350	500
铬 水田	≤	90	250	300	350	400
旱地	≤	90	150	200	250	300
锌	≤	100	200	250	300	500
镍	≤	40	40	50	50	200
六六六	≤	0.05	0.50			1.0
滴滴涕	≤	0.05	0.50			1.0

注：①重金属（铬主要是三价）和砷均按元素量计，适用于阳离子交换量> 5cmol（+）/kg 的土壤，若≤ 5cmol（+）/kg，其标准值为表内数值的半数。

②六六六为四种异构体总量，滴滴涕为四种衍生物总量。

③水旱轮作地的土壤环境质量标准，砷采用水田值，铬采用旱地值

5. 监测

5.1 采样方法：土壤监测方法参照国家环保局的《环境监测分析方法》《土壤元素的近代分析方法》（中国环境监测总站编）的有关章节进行。国家有关方法标准颁

布后，按国家标准执行。

5.2　分析方法按表 2 执行。

表 2　土壤环境质量标准选配分析方法

序号	项目	测定方法	检测范围（mg/kg）	注释	分析方法来源
1	镉	土样经盐酸－硝酸－高氯酸（或盐酸－硝酸－氢氟－高氯酸）消解后，(1) 萃取－火焰原子吸收法测定；(2) 石墨炉原子吸收分光光度法测定	0.025 以上 0.005 以上	土壤总镉	①②
2	汞	土样经硝酸－硫酸－五氧化二钒或硫、硝酸－高锰酸钾消解后，冷原子吸收法测定	0.004 以上	土壤总汞	①②
3	砷	(1) 土样经硫酸－硝酸－高氯酸消解后，二乙基二硫代氨基甲酸银分光光度法测定；(2) 土样经硝酸－盐酸－高氯酸消解后，硼氢化钾－硝酸银分光光度法测定	0.5 以上 0.1 以上	土壤总砷	①② ②
4	铜	土样经盐酸－硝酸－高氯酸（或盐酸－硝酸－氢氟酸－高氯酸）消解后，火焰原子吸收分光光度法测定	1.0 以上	土壤总铜	①②
5	铅	土样经盐酸－硝酸－氢氟酸－高氯酸消解后 (1) 萃取－火焰原子吸收法测定；(2) 石墨炉原子吸收分光光度法测定	0.4 以上 0.06 以上	土壤总铅	②
6	铬	土样经硫酸－硝酸－氢氟酸消解后，(1) 高锰酸钾氧化、二苯碳二光度法测定；(2) 加氧化铵液，火焰原子吸收分光光度法测定	1.0 以上 2.5 以上	土壤总铬	①
7	锌	土样经盐酸－硝酸－高氯酸（或盐酸－硝酸－氢氟酸－高氯酸）消解后，火焰原子吸收分光光度法测定	0.5 以上	土壤总锌	①②
8	镍	土样经盐酸－硝酸－高氯酸（或盐酸－硝酸－氢氟酸－高氯酸）消解后，火焰原子吸收分光光度法测定	2.5 以上	土壤总镍	②
9	六六六和滴滴涕	丙酮－石油醚提取，浓硫酸净化，用带电子捕获检测器的气相色谱仪测定	0.055 以上		GB/T 14550 1993
10	pH	玻璃电极法（土：水 =1.0：2.5）			②
11	阳离子交换量	乙酸铵法等			③

注：分析方法除土壤六六六和滴滴涕有国标外，其他项目待国家方法标准发布后执行，现暂采用下列方法：

①《环境监测分析方法》，1983，城乡建设环境保护部环境保护局；

②《土壤元素的近代分析方法》，1992，中国环境监测总站编，中国环境科学出版社；

③《土壤理化分析》，1978，中国科学院南京土壤研究所编，上海科技出版社

6. 标准实施

6.1　本标准由各级人民政府环境保护行政主管部门负责监督实施，各级人民政府的有关行政主管部门依照有关法律和规定实施。

6.2　各级人民政府环境保护行政主管部门根据土壤应用功能和保护目标会同有关部门划分本辖区土壤环境质量类别，报同级人民政府批准。

附加说明：

本标准由国家环境保护局科技标准司提出。

本标准由国家环境保护南京环境科学研究所负责起草，中国科学院地理研究所、北京农业大学、中国科学院南京土壤研究所等单位参加。

本标准主要起草人夏家淇、蔡道基、夏增禄、王宏康、武玫玲、梁伟等。

本标准由国家环境保护局负责解释。

附件 5 《环境空气质量标准》(GB 3095—2012)

前 言

为贯彻《中华人民共和国环境保护法》和《中华人民共和国大气污染防治法》，保护和改善生活环境、生态环境，保障人体健康，制定本标准。

本标准规定了环境空气功能区分类、标准分级、污染物项目、平均时间及浓度限值、监测方法、数据统计的有效性规定及实施与监督等内容。各省、自治区、直辖市人民政府对本标准中未作规定的污染物项目，可以制定地方环境空气质量标准。

本标准中的污染物浓度均为质量浓度。

本标准首次发布于 1982 年。1996 年第一次修订，2000 年第二次修订，本次为第三次修订。本标准将根据国家经济社会发展状况和环境保护要求适时修订。

本次修订的主要内容：

——调整了环境空气功能区分类，将三类区并入二类区；

——增设了颗粒物（粒径小于等于 2.5 μm）浓度限值和臭氧 8h 平均浓度限值；

——调整了颗粒物（粒径小于等于 10 μm）、二氧化碳、铅和苯并 [a] 芘等的浓度限值；

——调整了数据统计的有效性规定。

自本标准实施之日起,《环境空气质量标准》(GB 3095-1996)、《〈环境空气质量标准〉(GB 3095-1996）修改单》(环发〔2000〕1 号）和《保护农作物的大气污染物最高允许浓度》(GB 9137-1988）废止。

本标准附录 A 为资料性附录，为各省级人民政府制定地方环境空气质量标准提供参考。

本标准由环境保护部科技标准司组织制定。

本标准主要起草单位：中国环境科学研究院、中国环境监测总站。

本标准环境保护部 2012 年 2 月 29 日批准。

本标准由环境保护部解释。

1 适用范围

本标准规定了环境空气功能区分类、标准分级、污染物项目、平均时间及浓度限值、监测方法、数据统计的有效性规定及实施与监督等内容。

本标准适用于环境空气质量评价与管理。

2 规范性引用文件

本标准引用下列文件或其中的条款。凡是不注明日期的引用文件，其最新版本适用于本标准。

GB 8971《空气质量 飘尘中苯并 [a] 芘的测定 乙酰化滤纸层析荧光分光光度法》

GB 9801《空气质量 一氧化碳的测定 非分散红外法》

GB/T 15264《环境空气 铅的测定 火焰原子吸收分光光度法》

GB/T 15432《环境空气 总悬浮颗粒物测定 重量法》

GB/T 15439《环境空气 苯并 [a] 芘的测定 高效液相色谱法》

HJ 479《环境空气 氮氧化物（一氧化氮和二氧化氮）的测定 盐酸奈乙二胺分光光度法》

HJ 482《环境空气 二氧化硫的测定 甲醛吸收 - 副玫瑰苯胺分光光度法》

HJ 483《环境空气 二氧化硫的测定 四氯汞盐吸收 - 副玫瑰苯胺分光光度法》

HJ 504《环境空气 臭氧的测定 靛蓝二磺酸钠分光光度法》

HJ 539《环境空气 铅的测定 石墨炉原子吸收分光光度法（暂行）》

HJ 590《环境空气 臭氧的测定 紫外光度法》

HJ 618《环境空气 PM10 和 PM2.5 的测定 重量法》

HJ 630《环境监测质量管理技术导则》

HJ/T 193《环境空气质量自动监测技术规范》

HJ/T 194《环境空气质量手动监测技术规范》

《环境空气质量监测规范（试行）》（国家环境保护总局公告 2007 年第 4 号）

《关于推进大气污染联防联控工作改善区域空气质量的指导意见》（国办发〔2010〕33 号）

3 术语和定义

下列术语和定义适用于本标准。

3.1 环境空气 ambient air

指人群、植物、动物和建筑物所暴露的室外空气。

3.2 总悬浮颗粒物 total suspended particle（TSP）

指环境空气中空气动力学当量直径小于等于 100 μm 的颗粒物。

3.3 颗粒物 (粒径小于等于 10 μm) particulate matter（PM10）

指环境空气中空气动力学当量直径小于等于 10 μ m 的颗粒物，也称可吸入颗粒物。

3.4　颗粒物 (粒径小于等于 2.5 μ m) particulate matter（PM2.5）

指环境空气中空气动力学当量直径小于等于 2.5 μ m 的颗粒物，也称细颗粒物。

3.5　铅 lead

指存在于总悬浮颗粒物中的铅及其化合物。

3.6　苯并 [a] 芘 benzo[a]pyrene（BaP）

指存在于颗粒物（粒径小于等于 10 μ m）中的苯并 [a] 芘。

3.7　氟化物 fluoride

指以气态及颗粒态形式存在的无机氟化物。

3.8　1 小时平均 1–hour average

指任何 1 小时污染物浓度的算术平均值。

3.9　8 小时平均 8–hour average

指连续 8 小时平均浓度的算术平均值，也称 8 小时滑动平均。

3.10　24 小时平均 24–hour average

指一个自然日 24 小时平均浓度的算术平均值，也称日平均。

3.11　月平均 monthly average

指一个日历月内各日平均浓度的算术平均值。

3.12　季平均 quarterly average

指一个日历季内各日平均浓度的算术均值。

3.13　年平均 annual mean

指一个日历年内各日平均浓度的算术平均值。

3.14　标准状态 standard state

指温度为 273K，压力为 101.325kPa 时的状态。本标准中的污染物浓度均为标准状态下的浓度。

4　环境空气功能区分类和质量要求

4.1　环境空气功能区分类

环境空气功能区分为二类：一类区为自然保护区、风景名胜区和其他需要特殊保护的区域；二类区为居住区、商业交通居民混合区、文化区、工业区和农村地区。

4.2　环境空气功能区质量要求

一类区适用一级浓度限值，二类区适用二级浓度限值。一、二类环境空气功能区质量要求见表 1 和表 2。

表 1　环境空气污染基本项目浓度限值

序号	污染物项目	平均时间	浓度限值		单位
			一级	二级	
1	二氧化硫（SO_2）	年平均	20	60	μg/m³
		24h 平均	50	150	
		1h 平均	150	500	
2	二氧化氮（NO_2）	年平均	40	40	
		24h 平均	80	80	
		1h 平均	200	200	
3	一氧化氮（CO）	24h 平均	4	4	mg/m³
		1h 平均	10	10	
4	臭氧（O_3）	日最大 8h 平均	100	160	μg/m³
		1h 平均	160	200	
5	颗粒物（粒径小于等于 10μm）	年平均	40	70	
		24h 平均	50	150	
6	颗粒物（粒径小于等于 2.5μm）	年平均	15	35	
		24h 平均	35	75	

表 2　环境空气污染物其他项目浓度限值

序号	污染物项目	平均时间	浓度限值		单位
			一级	二级	
1	总悬浮颗粒（TSP）	年平均	80	200	μg/m³
		24h 平均	120	300	
2	氮氧化物（NO_X）	年平均	50	50	
		24h 平均	100	100	
		1h 平均	250	250	
3	铅（Pb）	年平均	0.5	0.5	
		季平均	1	1	
4	苯并 [a] 芘 (Bap)	年平均	0.001	0.001	
		24h 平均	0.0025	0.0025	

4.3　本标准自 2016 年 1 月 1 日起在全国实施。基本项目（表 1）在全国范围内实

施；其他项目（表 2）由国务院环境保护行政主管部门或者省级人民政府根据实际情况，确定具体实施方式。

4.4　在全国实施本标准之前，国务院环境保护行政主管部门可根据《关于推进大气污染联防联控工作区域空气质量的指导意见》等文件要求制定部分地区提前实施本标准，具体方案（包括地域范围、时间等）另行公告；各省级人民政府也可根据实际情况和当地环境保护的需要提前实施本标准。

5　监测

环境空气质量监测工作应按照《环境空气质量监测规范（试行）》等规范性文件的要求进行。

5.1　监测点位布设

表 1 和表 2 中环境空气污染物监测点位的设置，应按照《环境空气质量监测规范（试行）》中的要求执行。

5.2　样品采集

环境空气质量检测中的采样环境、采样高度及采样频率等要求，按 HJ/T193 或 HJ/T194 的要求执行。

5.3　分析方法

应按表 3 的要求，采用相应的方法分析各项污染物的浓度。

表 3　各项污染物分析方法

序号	污染物项目	手工分析方法		自动分析方法
		分析方法	标准编号	
1	二氧化硫（SO_2）	环境空气、二氧化硫的测定、甲醛吸收－副玫瑰苯胺分光光度法	HJ482	紫外荧光法、差分吸收光谱分析法
		环境空气、二氧化硫的测定、四氯贡盐吸收－副玫瑰苯胺分光光度法	HJ483	
2	二氧化氮（NO_2）	环境空气、氮氧化物的测定、盐酸奈乙二胺分光光度法	HJ479	化学发光法、差分吸收光谱分析法
3	一氧化氮（NO）	空气质量、一氧化氮的测定、非分散红外法	GB 9801	气体滤波相关红外吸收法、非分散红外吸收法

（续表）

序号	污染物项目	手工分析方法		自动分析方法
		分析方法	标准编号	
4	臭氧（O_3）	环境空气、臭氧的测定、靛蓝二磺酸钠分光光度法	HJ 504	紫外荧光法、差分吸收光谱分析法
5	颗粒物（粒径小于等于10μm）	环境空气 PM10 和 PM2.5 的测定、重量法	HJ 618	微量振荡天平法、β 射线法
6	颗粒物（粒径小于等于2.5μm）	环境空气 PM10 和 PM2.5 的测定、重量法	HJ 618	微量振荡天平法、β 射线法
7	总悬浮颗粒物（TSP）	环境空气、总悬浮颗粒物的测定、重量法	GB/T15432	—
8	氮氧化物（NO_x）	环境空气、氮氧化物的测定、盐酸奈乙二胺分光光度法	HJ 479	化学发光法、差分吸收光谱分析法
9	铅	环境空气、铅的测定、石墨炉原子吸收分光光度法	HJ 539	
		环境空气、铅的测定、火焰原子吸收分光光度法	GB/T 15264	
10	苯并 [a] 芘	环境空气、飘尘中苯并 [a] 芘的测定、乙酰化滤纸层析荧光分光光度法	GB 8971	
		环境空气、苯并 [a] 芘的测定、高效液相色谱	GB/T 15433	

6 数据统计的有效性规定

6.1 应采取措施保证监测数据的准确性、连续性和完整性，确保全面、客观地反映监测结果。所有有效数据均应参加统计和评价，不得选择性地舍弃不利数据以及认为干预监测和评价结果。

6.2 采用自动监测设备监测时，监测仪器应全年 365d（闰年 366d）连续运行。在监测仪器校准、停电和设备故障，以及其他不可抗拒的因素导致不能获得连续监测数据时，应采取有效措施及时恢复。

6.3 异常值的判断和处理应符合 HJ 630 的规定。对于监测过程中缺失和删除的数据均应说明原因，保留详细的原始数据记录，以备数据审核。

6.4 任何情况下，有效的污染物浓度数据均应符合表 4 中的最低要求，否则应视为无效数据。

表 4　各项污染物数据统计的有效性规定

污染物项目	平均时间	数据有效性规定
二氧化硫（SO_2）、二氧化氮（NO_2）、氮氧化物（NO_x）、颗粒物（粒径小于等于10μm）、颗粒物（粒径小于等于 10μm）	年平均	每年至少有 324 个日平均浓度值 每月至少有 27 个日平均浓度值（二月至少有25 个日平均浓度值）
二氧化硫（SO_2）、二氧化氮（NO_2）、一氧化碳（CO）、氮氧化物（NO_x）、颗粒物（粒径小于等于 10μm）、颗粒物（粒径小于等于 10μm）	24h 平均	每日至少有 20 个 h 平均浓度值或采样时间
臭氧（O_3）	8h 平均	每 8h 至少有 6 小时平均浓度值
二氧化硫（SO_2）、二氧化氮（NO_2）、一氧化碳（CO）、氮氧化物（NO_x）	1h 平均	每小时至少有 45min 的采样时间
总悬浮颗粒物（TSP）、苯并芘（BaP）、铅（Pb）	年平均	每年至少有分布均匀的 60 个日平均浓度值 每月至少有分布均匀 5 个日平均浓度值
铅（Pb）	季平均	每季至少有分布均匀的 15 个日平均浓度值 每月至少有分布均匀的 5 个日平均浓度值
总悬浮颗粒物（TSP）、苯并芘（BaP）、铅（Pb）	24h 平均	每日至少有 24h 的采样时间

7　实施与监督

7.1　本标准由各级环境保护行政主管部门负责监督实施。

7.2　各类环境空气功能区的范围由县级以上（含县级）人民政府环境保护行政主管部门划分，报本级人民政府批准实施。

7.3　按照《中华人民共和国大气污染防治法》的规定，未达到本标准的大气污染防治重点城市，应当按照国务院或国务院环境保护行政主管部门规定的期限，达到本标准。该城市人民政府应当制定限期达标规划，并可以根据国务院的授权或者规定，采取更严格的措施，按期实现达标规划。

附录 A
（资料性附录）
环境空气中镉、汞、砷、六价铬和氟化物参考浓度限值

污染物限值

各省级人民政府可根据当地环境保护的需要，针对环境污染的特点，对本标准中未规定的污染物项目制定并实施地方环境空气质量标准。以下为环境空气中部分污染物参考浓度限值。

表 A.1　环境空气中镉、汞、砷、六价铬和氟化物参考浓度限值

<table>
<tr><th rowspan="2">序号</th><th rowspan="2">污染物项目</th><th rowspan="2">平均时间</th><th colspan="2">浓度（通量）限值</th><th rowspan="2">单位</th></tr>
<tr><th>一级</th><th>二级</th></tr>
<tr><td>1</td><td>镉（Cd）</td><td>年平均</td><td>0.005</td><td>0.005</td><td rowspan="6">μg/m³</td></tr>
<tr><td>2</td><td>汞（Hg）</td><td>年平均</td><td>0.05</td><td>0.05</td></tr>
<tr><td>3</td><td>砷（As）</td><td>年平均</td><td>0.006</td><td>0.006</td></tr>
<tr><td>4</td><td>六价铬 [Cr（Ⅵ）]</td><td>年平均</td><td>0.000 025</td><td>0.000 025</td></tr>
<tr><td rowspan="4">5</td><td rowspan="4">氟化物（F）</td><td>1h 平均</td><td>20①</td><td>20①</td></tr>
<tr><td>24h 平均</td><td>7①</td><td>7①</td></tr>
<tr><td>月平均</td><td>1.8②</td><td>3.0③</td><td rowspan="2">μg /（dm²·d）</td></tr>
<tr><td>植物生长季平均</td><td>1.2②</td><td>2.0③</td></tr>
<tr><td colspan="6">注：①适用于城市地区；②适用于牧业区和以牧业为主的半农半牧区，蚕桑区；③适用于农业和林业区</td></tr>
</table>

附件6 保护农作物的大气污染物最高允许浓度国家标准

根据《中华人民共和国环境保护（试行）》和《中华人民共和国大气污染防治法》的有关规定，为维护农业生态系统良性循环，保护农作物的正常生长和农畜产品优质高产，特制定本标准。

本标准保护的主要对象是具有重要经济价值的作物、蔬菜、桑茶和牧草。

本标准是GB 3095-1982《大气环境标准》的补充。

1. 根据各种作物、蔬菜、果树、桑茶和牧草对二氧化硫、氟化物的耐受能力，将农作物分为敏感、中等敏感和抗性三种不同类型，分别制定浓度限值。农作物敏感性的分类是以各项大气污染物对农作物生产力、经济性质和叶片伤害的综合考虑为依据。各项大气污染物的浓度限值列于表1。

表1 保护农作物的大气污染物浓度限值

污染物	作物敏感程度	生长季平均浓度①	日平均浓度②	任何一次③	农作物种类
二氧化硫④	敏感作物	0.05	0.15	0.50	冬小麦、春小麦、大麦、荞麦、大豆、甜菜、芝麻、菠菜、青菜、白菜、莴苣、黄瓜、南瓜、西葫芦、马铃薯、苹果、梨、葡萄、苜蓿、三叶草、鸭茅、黑麦草
	中等敏感作物	0.08	0.25	0.70	水稻、玉米、燕麦、高粱、棉花、烟草、番茄、茄子、胡萝卜、桃、杏、李、柑橘、樱桃
	抗性作物	0.12	0.30	0.80	蚕豆、油菜、向日葵、甘蓝、芋头、草莓
氟化物⑤	敏感作物	1.0	5.0		冬小麦、花生、甘蓝、菜豆、苹果、梨、桃、杏、李、葡萄、草莓樱桃、桑、紫花苜蓿、黑麦草、鸭茅
	中等敏感作物	2.0	10.0		大麦、水稻、玉米、高粱、大豆、白菜、芥菜、花椰菜、柑橘、三叶草
	抗性作物	4.5	15.0		向日葵、棉花、茶、茴香、番茄、茄子、辣椒、马铃薯

注：①“生长季平均浓度”为任何一个生长季的日平均浓度值不许超过的限值。

②“日平均浓度”为任何一日的平均浓度不许超过的浓度限值。

③“任何一次”为任何一次采样测定不许超过的浓度限值。

④二氧化硫浓度单位为 mg/m^2。

⑤氟化物浓度单位为 μg/（dm^3·d）。

2. 各类不同敏感性农作物的大气污染物浓度限值，是在长期和短期接触的情况下，保证各类农作物正常生长，不发生急、慢性伤害的空气质量要求。

3. 氟化物敏感农作物的浓度限值，除保护作物、蔬菜、果树、桑叶和牧草的正常生长，不发生急、慢性伤害外，还保证桑叶和牧草一年内月平均的含氟量分别不超过 30mg/kg 和 40mg/kg 的浓度阈值，保护桑蚕和牲畜免遭危害。

4. 标准的实施与管理：本标准由各级环境保护部门会同各级农业环境保护部门负责监督实施。

5. 监测方法

5.1　大气监测中的布点、采样、分析、数据处理等分析方法工作程序，暂按城乡建设环境保护部环保局颁布的《环境监测分析方法》（1983 年）的有关规定进行。

5.2　标准中各项污染物的监测方法见表 2。

表 2　各项污染物的监测方法

污染物名称	监测方法
二氧化硫	GB 8970-1988 盐酸副玫瑰苯胺比色法
氟化物	碱性滤纸采样、氟离子电极法

附加说明：

本标准由国家环境保护局规划标准处和农业部能源环保局提出。

本标准由农业部环境保护科研监测所负责起草。

本标准由国家环境保护局负责解释。

参考文献

柴继宽，赵桂琴，胡凯军，等 . 2010. 不同种植区生态环境对燕麦营养价值及干草产量的影响 [J]. 草地学报，（3）：421–425+476.

柴继宽 .2012. 轮作和连作对燕麦产量、品质、主要病虫害及土壤肥力的影响 [D]. 甘肃农业大学 .

晁德林，张少平 . 2008. 甘肃省草产品加工业现状及发展对策 [J]. 草业科学（3）：93–96.

朝鲁孟其其格，贾玉山，格根图，等 . 2010. 草颗粒加工、贮藏及利用技术研究与应用 [J]. 中国草地学报（4）：98–102.

朝鲁孟其其格 . 2010. 混合草颗粒制粒技术及饲用价值评价的研究 [D]. 内蒙古农业大学 .

陈功 .2001. 牧草捆裹青贮技术及其在我国的应用前景 [J]. 中国草地（1）：73–75.

陈恭，郭丽梅，任长忠，等 . 2011. 行距及间作对箭筈豌豆与燕麦青干草产量和品质的影响 [J]. 作物学报（11）：2 066–2 074.

陈玲玲，玉柱，毛培胜，等 . 2015. 中国饲草产业发展概况及饲草料质量安全现状 [J]. 饲料工业（5）：56–60.

陈玲玲 .2014. 中国饲草料质量安全现状、问题及政策研究 [A]. 中国畜牧业协会 . 第三届（2014）中国草业大会论文集 [C]. 中国畜牧业协会：4.

陈新，张宗文，吴斌 . 2014. 裸燕麦萌发期耐盐性综合评价与耐盐种质筛选 [J]. 中国农业科学（10）：2 038–2 046.

崔海，王加启，卜登攀，等 . 2010. 燕麦饲料在动物生产中的应用 [J]. 中国畜牧兽医（6）：214–217.

德科加，周青平 . 2004. 三种加工调制方法对牧草营养品质影响的研究 [J]. 青海畜牧兽医杂志（6）：9–10.

东林，雷艳芳，魏臻武 . 2012. 探讨青海海北燕麦产业的发展前景 [J]. 安徽农业科学

（10）：5 938–5 939+5 968.
高芸 . 2014. 农户有机农业生产意愿及发展路径——基于江苏的实证研究 [D]. 江南大学 .
龚贞慧 .2016. 青海省海东市高原特色饲草产业发展研究 [D]. 兰州大学 .
郭红媛，贾举庆，吕晋慧，等 . 2014. 燕麦属种质资源遗传多样性及遗传演化关系 ISSR 分析 [J]. 草地学报（2）：344–351.
郭晓霞，刘景辉，张星杰，等 . 2012. 免耕对旱作燕麦田耕层土壤微生物生物量碳、氮、磷的影响 [J]. 土壤学报（3）：575–582.
侯建杰，赵桂琴，焦婷，等 . 2014. 不同含水量及晒制方法对燕麦青干草品质的影响 [J]. 中国草地学报（1）：69–74.
侯建杰 . 2013. 高寒牧区燕麦青干草品质的影响因素研究 [D]. 甘肃农业大学 .
黄惠英 . 2013. 中国有机农业及其产业化发展研究——以北京市为例 [D]. 西南财经大学 .
贾玉山，都帅，王志军，等 . 2015. 中国牧区饲草储备展望 [J]. 草业学报（9）：189–196.
李存福 . 2010. 加强饲草产品质量安全监管势在必行 [N]. 农民日报，2010–05–27（6）.
李芳，刘刚，刘英，等 . 2007. 燕麦的综合开发与利用 [J]. 武汉工业学院学报（1）：23–26.
李新一，王加亭，韩天虎，等 . 2015. 我国饲草料生产形势及对策 [J]. 草业科学（12）：2 155–2 166.
李仲昌，郭庭双，李向林 . 1987. 草捆青贮技术考察 [J]. 中国草业科学（1）：61–64.
林伟静，吴广枫，李春红，等 . 2011. 品种与环境对我国裸燕麦营养品质的影响 [J]. 作物学报（6）：1 087–1 092.
刘欢，慕平，赵桂琴，等 . 2015. 除草剂对燕麦产量及抗氧化特性的影响 [J]. 草业学报（2）：41–48.
刘瑞宇 .2010. 国内外有机农业发展综述 [J]. 农业技术与装备（11）：7
刘珅铭 .2012. 我国有机农业发展现状与对策——以南京市溧水县为例 [D]. 南京林业大学 .
刘晓梅，余宏军，李强，等 . 2016. 有机农业发展概述 [J]. 应用生态学报，27（4）：1 303–1 313.
刘亚红 . 2009. 天然牧草草捆青贮适宜条件研究 [D]. 内蒙古农业大学 .

卢欣石 . 2013. 中国草产业大势与挑战 [J]. 草原与草业（4）: 3–5.

马有泉，施建军，董全民，等 . 2012. 高寒牧区草产品加工技术规范 [J]. 青海畜牧兽医杂志（1）: 9–10.

玛丽娜 . 2014. 美国有机农业的发展及对中国的启示 [D]. 哈尔滨工业大学 .

木尼热 · 阿布拉克 . 2015. 在农牧区常用的饲草料中存在不安全因素 [J]. 农业开发与装备（1）: 54.

彭远英，颜红海，郭来春，等 . 2011. 燕麦属不同倍性种质资源抗旱性状评价及筛选 [J]. 生态学报（9）: 2 478–2 491.

师尚礼 . 2010. 甘肃省牧草产业发展现状及其技术需求 [A]. 第三届中国苜蓿发展大会论文集 [C]. 中国畜牧业协会（China Animal Agriculture Association）、中国草学会（Chinese Grassland Society）: 8.

孙小凡 . 2003. 麦类作物青贮饲料营养价值研究 [D]. 西北农林科技大学 .

覃方锉 . 2014. 添加剂对燕麦捆裹青贮品质的影响研究 [D]. 甘肃农业大学 .

覃方锉，赵桂琴，焦婷，等 . 2014. 含水量及添加剂对燕麦捆裹青贮品质的影响 [J]. 草业学报（6）: 119–125.

唐璐 . 2014. 有机农业产业规划框架与案例分析 [D]. 南京农业大学 .

汪海波，谢笔钧，刘大川 . 2003. 燕麦中抗氧化成分的初步研究 [J]. 食品科学（7）: 62–67.

汪武静，王明利，金白乙拉，等 . 2015. 中国牧草产品国际贸易格局研究及启示 [J]. 中国农学通报（26）: 1–6.

王桃，徐长林，姜文清，等 . 2010. 高寒草甸区饲用燕麦品种营养价值综合评价研究 [J]. 中国草地学报（3）: 68–75.

王旭，曾昭海，朱波，等 . 2009. 燕麦与箭筈豌豆不同混作模式对根际土壤微生物数量的影响 [J]. 草业学报（6）: 151–157.

王旭，曾昭海，朱波，等 . 2007. 箭筈豌豆与燕麦不同间作混播模式对产量和品质的影响 [J]. 作物学报（11）: 1 892–1 895.

吴今朝 . 2013. 有机农业园区旅游开发研究——以句容戴庄有机农业园为例 [D]. 南京农业大学 .

吴娜，胡跃高，任长忠，等 . 2014. 两种灌溉方式下保水剂用量对春播裸燕麦土壤氮素的影响 [J]. 草业学报（2）: 346–351.

武俊英，刘景辉，李倩，等 . 2009. 盐胁迫对燕麦种子萌发、幼苗生长及叶片质膜透性的影响 [J]. 麦类作物学报（2）: 341–345.

肖相芬，周川姣，周顺利，等 . 2011. 燕麦氮吸收利用特性与适宜施氮量的定位研究 [J]. 中国农业科学（22）：4 618–4 626.

谢昭良，张腾飞，陈鑫珠，等 . 2013. 冬闲田种植 2 种燕麦的营养价值及土壤肥力研究 [J]. 草业学报（2）：47–53.

徐成体，德科加 . 1999. 牧草捆裹青贮技术的试验研究 [J]. 草业科学（4）：12–14+17.

徐婷，崔占鸿，张晓卫，等 . 2014. 青海高原人工饲草加工方法的比较研究 [J]. 饲料工业（23）：51–53.

徐长林 . 2012. 高寒牧区不同燕麦品种生长特性比较研究 [J]. 草业学报（2）：280–285.

薛艳庆，徐成体，刘书杰，等 . 2000. 应用新技术捆裹青贮燕麦草的品质评定 [J]. 青海草业（1）：8–10.

杨云贵，程天亮，杨雪娇，等 . 2013.3 个燕麦品种不同收获期对青贮饲草营养价值的影响 [J]. 草地学报（4）：683–688.

冶成君 . 2004. 捆裹青贮燕麦草饲喂幼年羊的增重效果 [J]. 青海畜牧兽医杂志（5）：1.

张发莲 . 2013. 燕麦箭筈豌豆混播捆裹青贮试验 [J]. 山东畜牧兽医（8）：3–4.

张海博 . 2015. 发展饲草产业是缓解粮食安全压力的有效措施 [J]. 当代畜牧（20）：87–88.

张娜，赵宝平，郭若龙，等 . 2012. 水分胁迫对不同抗旱性燕麦品种生理特性的影响 [J]. 麦类作物学报（1）：150–156.

张娜，赵宝平，张艳丽，等 . 2013. 干旱胁迫下燕麦叶片抗氧化酶活性等生理特性变化及抗旱性比较 [J]. 干旱地区农业研究（1）：166–171+218.

张向前，刘景辉，齐冰洁，等 . 2010. 燕麦种质资源主要农艺性状的遗传多样性分析 [J]. 植物遗传资源学报（2）：168–174.

章海燕，张晖，王立，等 . 2009. 燕麦研究进展 [J]. 粮食与油脂（8）：7–9.

赵得明 . 2016. 燕麦草生产利用现状及发展趋势 [J]. 黑龙江畜牧兽医（22）：177–179.

赵桂琴，慕平，魏黎明 . 2007. 饲用燕麦研究进展 [J]. 草业学报（4）：116–125.

赵桂琴，师尚礼 . 2004. 青藏高原饲用燕麦研究与生产现状、存在问题与对策 [J]. 草业科学（11）：17–21.

赵秀芳，戎郁萍，赵来喜 . 2007. 我国燕麦种质资源的收集和评价 [J]. 草业科学

（3）：36–40.

赵秀然，陈匡辉，王仁华，等 . 1997. 草粉生物饲料营养价值的研究 [J]. 江西农业大学学报（3）：74–76.

周青平，颜红波，梁国玲，等 . 2015. 不同燕麦品种饲草和籽粒生产性能分析 [J]. 草业学报（10）：120–130.

朱秋云 .2015. 饲草燕麦在辽宁地区的机械化栽培技术 [J]. 农业科技通讯（6）：230–231.